Scheitern als Businessbeschleuniger

Familienunternehmer und Gründerin im Gespräch

Christian Dräger und Alice Moustier

August Dreesbach Verlag

Impressum

Autorin: Alice Moustier
Projektleitung: Sofija Krstic, August Dreesbach Verlag

Korrektorat: Sofija Krstic
Gestaltung, Umschlag und Satz: Dr. Anne Dreesbach und Paul Plunger
Gesamtherstellung: PBtisk a.s., Dělostřelecká 344, 261 01 Příbram, Tschechische Republik

ISBN 978 3 96395 041 4

Die Deutsche Nationalbibliothek verzeichnet diese Publikation in der Deutschen Nationalbibliografie; detaillierte bibliografische Daten sind im Internet über http://dnb.dnb.de abrufbar.

Für meine Freundin und Kollegin Dr. Marianna Rusche, die mich darauf brachte, meinen Blick auf die Märkte außerhalb von Deutschland zu erweitern und mich 2021 ermutigte, eine Firma zu gründen.

Ich habe so viel aus meinen Fehlern gelernt. Ich denke, vielleicht sollte ich noch ein paar machen.

Inhaltsverzeichnis

Einleitung – Wie wir uns kennenlernten

„Verzeihen Sie mir es, wenn ich jetzt aufgrund meines Alters nicht aufstehe?" So begrüßte mich der ehemalige Drägerwerk-Chef Dr. Christian Dräger, als ich ihn im Sommer 2020 bei meinem Theaterstück kennenlernte. Mit gebeugtem Rücken und weißen Haaren schaute er interessiert zu mir hoch. Ein Mann von alter Schule, dachte ich, sympathisch!

Das Theaterstück war mein erstes Selbstgeschriebenes, welches im September und Oktober uraufgeführt wurde. Sein Sohn Stefan Dräger, der das Familienunternehmen nun in 5. Generation fortführt, war mit der Dräger-Stiftung Förderer. Ich wusste nicht viel über das Unternehmen Dräger, außer dass es einer der größten Arbeitgeber der Region ist. Seit Corona wurde mehr in der Presse und im Fernsehen über die Beatmungsgeräte von Dräger berichtet. Stefan Dräger war von der Theater-Idee sehr angetan. Als ich nach den Uraufführungen seinen Vater Dr. Christian Dräger kennenlernte, war ICH wiederum sehr angetan. Er faszinierte mich. Mit seinen 87 Jahren ist er nicht mehr der Jüngste, körperlich ist er bereits eingeschränkt, aber geistig noch sehr fit. Er lässt sich Zeit zum Nachdenken und wenn er etwas sagt, sind es sehr wohlüberlegte Worte, die ihm über die Lippen gehen. An diesen hing ich bald neugierig und wissbegierig auf seine philosophischen, gesellschaftskritischen Ansätze. Unsere Gespräche gingen in die Tiefe und stillten meinen Hunger nach erfüllendem Gedankenaustausch. Die Coronazeit hatte dazu geführt, dass ich nur noch wenige Kontakte pflegte und eher selten die Möglichkeit zu intensivem Austausch fand. Umso glücklicher war ich, einen so intelligenten, gedanklich flexiblen Menschen wie ihn kennenzulernen. Schnell hatte ich ihn in mein Herz geschlossen. Mich beeindruckte, was er alles in seinem Leben

erreicht hatte. Seine Liebe für Kunst und Musik teilte ich ebenfalls. Und seine Kindheitserfahrungen während des Zweiten Weltkriegs waren auch interessant, hatte ich mich doch erst wieder intensiv mit diesem Thema für mein Theaterstück auseinandergesetzt.
Er wiederum war sehr überrascht, dass ein junger Mensch, der ja nichts mit dem Krieg zu tun hat, sich so für das Thema interessiert und sogar darüber ein Theaterstück schreibt.

Das Interesse für Gesellschaft, Politik, Geschichte und Philosophie verband uns und schaffte einen zeitlosen Raum. Er und seine Frau luden mich bald zum Essen ein. Ich genoss die Abende bei ihnen auf dem Sofa bei einem Glas schottischem Whiskey, während ich mich mit Christian austauschte. Wir unterhielten uns über die Risikobereitschaft als Unternehmende, über das, was es braucht, um eine Idee erfolgreich umzusetzen. Eigentlich trennte uns so viel voneinander, ich als Gründerin, kaum Geld, lediglich mit einer guten Idee und er als ehemaliger Chef eines weltweit agierenden Unternehmens. Und doch vereinte uns so viel: unser Glaube, unsere moralischen Ansprüche und unsere Risikobereitschaft als Unternehmende.
Mich erfüllte schon bald der Wunsch, mit ihm zusammen etwas zu schreiben, damit auch andere mehr über diesen bedeutsamen Lübecker erfahren können. Die Geschichte des Familienunternehmens interessierte mich, da ich selbst aus einer Unternehmerfamilie stamme. Ich wusste aus Statistiken, dass viele Familienunternehmen nur bis zur dritten Generation in Familienhand blieben. Mein französischer Opa Robert Moustier (1921–1998) brachte das Familienunternehmen seines Großvaters, eine Schuhfabrik und mehrere Schuhgeschäfte in Lyon und St. Etienne, 1974 in die Insolvenz. Da ich mit meiner Unternehmensidee nicht genauso enden möchte, fand ich das Thema umso interessanter. Und ich stellte mir die Frage: Wie hat Dräger es geschafft, jetzt noch in fünfter Generation in Familienhand zu sein?

Als ich die Idee äußerte, eine Biografie über Christian und sein Wirken im Familienunternehmen zu schreiben, wies er sie ab: „Ich bin doch niemand Besonderes! Über mich will doch niemand etwas erfahren!" Bescheidenheit. Diese Eigenschaft war mir allzu vertraut. Wie viele intelligente Personen hatte ich schon kennengelernt, die ihr Können und ihre Erfolge kleinredeten?! Überzeugt von dem Gedanken, dass auch andere sich für ihn und sein Leben interessieren würden, gab ich mich mit seinem „Nein" nicht zufrieden. Ich schlug viele Varianten einer

Biografie über ihn vor, doch erst als ich sagte „wir schreiben gemeinsam im dialogischen Austausch über unsere Erfahrungen als Unternehmende", war er einverstanden. Ich war mir sicher, dass ich als Gründerin noch viel von ihm lernen konnte. Als meine Recherchearbeiten begannen, war es fast erleichternd zu lesen, wie schwer auch die Dräger-Gründer es am Anfang gehabt hatten. Denn eigentlich war ich bereits seit vier Jahren selbständig als Coach, doch durch die Coronakrise waren mir alle Aufträge weggebrochen. Schon vorher lief es nur mühsam an, da der Coaching-Markt sehr gesättigt ist. Ein Theaterstück zu schreiben, war also nicht meine Profession, sondern mehr eine Handlung aus der Not heraus.

Ich war auf der Suche nach neuen Aufgaben, als ich vom Förderprogramm der Lübecker Possehl-Stiftung „Kulturfunke" erfuhr. Künstlerisch bin ich in meiner Freizeit schon immer sehr aktiv gewesen und nun bot sich mir die Möglichkeit an, eine Theateridee zum Thema „Kriegskinder und Traumata" umzusetzen. Das Thema interessierte mich schon seit langem. Auch im Rahmen meiner Tätigkeit als Coach war ich immer wieder darauf gestoßen. Bei vielen Klienten stellte sich im Laufe der Gespräche heraus, dass auch die Person selbst oder die Verwandten der Person schlimme Dinge im Krieg erlebt hatten, die sie heute immer noch beeinflussen. Ich bewarb mich also auf die Ausschreibung des Possehl-Preises und schrieb daraufhin das Theaterstück „Der grüne Weg der Hoffnung" über die Flucht und Vertreibung der Deutschen aus den Ostgebieten nach dem Zweiten Weltkrieg und die Auswirkungen auf meine Generation. Leider erhielt ich schon bald eine Absage, die Jury hatte sich für andere Kulturprojekte entschieden. Ich war so überzeugt am Anfang, dass ich bereits alles gestartet, groß Werbung gemacht und einige begeisterte Laien-Schauspielende organisiert hatte. Ich war verzweifelt: Wie sollte das Projekt ohne Gelder umsetzbar sein? Würde ich so kurzfristig noch eine Stiftung oder einen Privatsponsor finden? Die Chancen gingen Richtung null. Ich sah, wie auch dieses kreative Projekt wieder in einer Schublade landen würde! Warum hatte ich bisher immer so viele Schwierigkeiten, Projekte abzuschließen? Warum kamen meine Ideen nicht in einen Handlungsfluss? Warum blieben sie erfolglos? Sprach ich die falsche Zielgruppe an? War mein Angebot nicht interessant genug? Würde ich irgendwann von den Einnahmen der Selbständigkeit wirklich leben können?

Dieses Mal durfte ich nicht scheitern! Für mich war es sogar die letzte Chance, die ich mir selbst gab: Entweder ich schaffte es, diese Herausforderung zu meistern, oder ich würde meine Ideen als gescheitert akzeptieren und meine

Selbständigkeit beenden, mir eine Festanstellung suchen müssen. So weit ging ich. Ich war kurz davor, die Hoffnung aufzugeben, als ich bei einem Vortrag Stefan Dräger kennenlernte, den Vorstandsvorsitzenden des Drägerwerks. Ich erzählte ihm von dem Projekt und auch von der Absage der Stiftung. Es verging kaum ein Wochenende, bis er mir zusagte, das Projekt mit der Stiftung seines Unternehmens zu unterstützen. Das scheinbar Unmögliche wurde möglich! Nach den Uraufführungen des Stückes begann ich mich mehr mit dem Familienunternehmen Dräger zu beschäftigten und mir wurde bewusst: Die Firma Dräger ist ein gutes Beispiel dafür, dass nicht alles immer von allein läuft. Der ehemalige Dräger-Chef Christian wurde bald ein Vorbild für mich. Jahrelang hatte er den Konzern geleitet und war bereits als Kind dort hineingewachsen. Er ist in der Lage, mir die Tipps und den Mut zu geben, weiterzumachen.

Im Nachhinein könnte ich mich sogar bei der Possehl-Stiftung bedanken, dass sie mein Theaterstück nicht gefördert hat, denn ohne diese Absage hätte ich Christian nicht kennengelernt. Dräger stellt Beatmungsgeräte her, um Menschen wieder Luft zum Atmen zu geben. An diesem Tag wusste ich, dass dank Dräger mein Theaterprojekt nicht verloren war! Das Glück war auf meiner Seite – ich konnte wieder aufatmen! So wie Christian mir neuen Mut gab, hoffe ich, dass wir mit diesem Buch anderen Unternehmerinnen und Unternehmern Mut machen können, ihre Ideen umzusetzen und nicht aufzugeben, wenn es nicht sofort funktioniert. Denn Scheitern gehört zum Erfolg dazu, da sind Christian und ich uns einig!

Teil I – Anfangs- und Gründungsjahre

Es ist ein strahlender Tag, als ich mittags mal wieder bei Familie Dräger zum Essen eingeladen bin und wir am Küchentisch sitzen.

Ein Familienunternehmen: Das Drägerwerk

Alice: *Christian, ich habe gehört, dass du neue Hörgeräte hast, die aber noch nicht so gut funktionieren?*

Christian: Wie bitte?

Alice: *(Beide lachen) Herrlich! Du und dein Humor! Das war jetzt wie eingeübt! Zum Glück brauche ich noch kein Hörgerät! Aber in gewisser Weise ergänzen wir uns gut: der Taube und die Blinde!*

Christian: Wie war das noch mit deiner Blindheit?

Alice: *Ich sehe alles, was rechts von mir ist nicht. 50 Prozent des Gesichtsfeldes fehlen mir.*

Christian: Bist du jetzt eigentlich zu einem Ergebnis gekommen mit deinem Theaterstück?

Alice: *Na ja, ein direktes Ergebnis kann man das nicht nennen. Es war ja keine Studie. Aber es war sehr interessant mich mit dem Thema Kriegskindergeneration auseinanderzusetzen und ich konnte dadurch mein Wissen über die deutsche Vergangenheit erweitern. Das ist schon wirklich interessant, dass wir uns 2020 kennenlernen, genau 75 Jahre nach Kriegsende, wo du ja auch zu dieser Gruppe der Kriegskinder gehörst. 1945, als der Krieg endete, warst du bereits elf Jahre alt. Wie alt warst du eigentlich, als du erfuhrst, dass du später euer Familienunternehmen weiterführen sollst?*

Christian: Dazu muss ich erst mal ausholen ...

Alice: *Aber bitte nicht ganz so weit ausholen. (Lacht)*

Christian: Also: Meinem Vater, Dr. Heinrich Dräger, ist es gelungen, dass alle sagten: „Ja, also Christian, der soll es dann mal machen!". Ich hatte offensichtlich von allen das meiste technische Interesse.

Alice: *Also wie alt warst du, als du davon erfuhrst beziehungsweise es dann übernommen hast? Denn das ist ja der Unterschied zwischen Unternehmensübernahme innerhalb der Familie und Existenzgründung als Gründer. Wenn man ein Unternehmen weiterführen soll, kommen ja meist die Eltern auf einen zu und man bekommt die Aufgabe sozusagen in die Wiege gelegt. Als Gründer entwickelt sich die Idee erst langsam durch die verschiedenen Berufserfahrungen, die man macht.*

Christian: Es war so früh, dass meine gute Wirtin in Schwenningen, wo ich 1952 als Siebzehnjähriger die Feinmechaniker-Lehre begann, einmal furchtbar erschrak, als vor der Haustür ein Vertreter des dortigen Jugendamtes stand und fragte, ob bei ihr ein Christian Dräger wohne. Kannst du dir vorstellen, wie entsetzt die war? Eine Bürgersfrau! Die Tochter des größten Schuhfabrikanten in Schwenningen. Und dann steht plötzlich das Jugendamt vor ihrer Tür. Ich will gar nicht wissen, welche Gedanken ihr durch den Kopf gegangen sind.

Alice: *Warum war das Jugendamt bei dir?*

Christian: Es stellte sich heraus, dass mein Vater entschlossen war, das Unternehmen auf mich zu übertragen. Da ich aber noch minderjährig war, musste das Jugendamt überprüfen, ob das alles mit rechten Dingen zugeht. Mein Vater hatte mich aber nicht gefragt, sondern nur gesagt, dass er rechtzeitig damit beginnen müsse, Teile des Unternehmens auf mich zu übertragen. Damit solle man nicht warten, bis man stirbt. Denn wenn das erst im Todesfall geschieht, fiele ja die ganze Erbschaftssteuer an. So führte er es schenkungsweise durch, mit sehr günstigen Bedingungen. Dass ich von den künftig anfallenden Gewinnen einen beträchtlichen Teil bekam, musste er ja offenlegen. 1954 war ich dann richtig im Unternehmen, ich meine juristisch.

Alice: ... *als du Teilhaber wurdest?*

Christian: Ja, als stiller Teilhaber der offenen Handelsgesellschaft, als solche firmierte das Drägerwerk. Mein Vater brauchte hierfür die Zustimmung des Vormundschaftsgerichts. Damals war man erst mit 21 Jahren mündig.

Alice: *Was? Das ist heute undenkbar. Ich hatte mit siebzehn meine erste eigene Wohnung und mich nervte es bereits bis zum achtzehnten Lebensjahr immer einen Vormund haben zu müssen, wenn es um den Mietvertrag oder Ähnliches ging. Bei den Unternehmerstammtischen habe ich auch genügend junge Menschen kennengelernt, die sich schon mit achtzehn selbständig gemacht haben.*

Christian: Ja, das war damals anders. Meine Großmutter steckte wohl dahinter, denn sie unterstützte die Idee, dass ich später die Geschäfte führen sollte.

Alice: *Wer war deine Großmutter?*

Christian: Elfriede Dräger, sie ist 1876 geboren. 1928, nach dem Tod meines Großvaters Bernhard Dräger, wurde sie Alleinerbin. Sie hatte damals, als das baldige Ableben Bernhards vorauszusehen war, zu meinem Vater gesagt: „Heinrich, ich brauche dich jetzt!". Er war eigentlich gelernter Landwirt. Er kam sozusagen als Grünschnabel in den Betrieb, da er sich auf die Landwirtschaft konzentriert und darin auch seine Promotion gemacht hatte. Er begann 1927, er muss gerade 29 gewesen sein. Die Landwirtschaft, der er gerne nachging, hat er damit einfach fallen lassen. Es ist bewundernswert, wie er die so verliehene Autorität innerhalb kurzer Zeit in eine eigene umwandeln konnte! Verliehen durch seine Mutter, die sagte:

„Der Vater ist jetzt tot, aber Heinrich macht das weiter." Das ist eine große Leistung, da er ja keine Ausbildung in den Sachen hatte, die das Drägerwerk machte. Er war zwar schon mal – kurz nach dem Ersten Weltkrieg – im Betrieb, entschied sich dann aber für die Landwirtschaft. Technisch war er begabt und hatte schon in jungen Jahren gute Vorschläge gemacht. Eine Ausbildung als Techniker hatte mein Vater aber nicht. So hat er dann später einiges nachgeholt, beim Studium in Berlin und Braunschweig. Manche haben sich über ihn lustig gemacht, weil sie meinten, er hätte keine Ahnung von Technik. Das stimmte aber gar nicht. Ich glaube, seinen ungeraden Weg bis zur Unternehmensnachfolge wollte er seinem Nachfolger nicht zumuten. Deshalb bestimmte er schon sehr früh, wer sein Nachfolger werden sollte, und bereitete ihn vor. Das war der Anlass für meine Feinwerkmechaniker-Lehre in Schwenningen, aber dazu später mehr.

Alice: *Denkst du denn, dass du auch gewisse „Unternehmer-Gene" hast oder denkst du, das kann man alles erlernen?*

Christian: Eindeutig das Zweite, und ich wollte es erlernen. Ich habe nie daran gezweifelt, dass mein Vater jemanden suchte, der auch Dräger heißt und das machen kann.

Alice: *Ich habe übrigens letztens in einer Studie des Deutschen Instituts für Wirtschaftsforschung gelesen, dass Unternehmende sich deutlich von ihren Angestellten unterscheiden. Sie sind offener für Erfahrungen, extrovertierter und risikofreudiger. Christian, bist du risikofreudig?*

Christian: Als Unternehmer ist es auf jeden Fall wichtig, mutig zu sein und auch Risiken auf sich zu nehmen. Bist du denn risikofreudig?

Alice: *Wenn ich an die Schulzeit zurückdenke, an Mutproben, dann glaube ich schon. Obwohl mich die negative Erfahrung mit meiner missglückten Existenzgründung eindeutig auf den Boden der Realitäten zurückgeholt hat. Ich glaube, ich bin nicht mehr so mutig wie früher. Früher war Sicherheit für mich ein Fremdwort. Mittlerweile ist es etwas geworden, wonach ich mich sehne. Doch ein bisschen Risikobereitschaft ist noch geblieben, denn sonst hätte ich mich nicht getraut, das Theaterstück auf die Beine zu stellen, als die finanzielle Grundlage noch überhaupt nicht gesichert war. Und deinen*

Sohn anzusprechen, ob er es mit eurer Stiftung unterstützt, war ja auch ein gewisses Risiko. Manche in meinem Umfeld haben mich schon gefragt: „Wie? Und dann bist du einfach so ganz unbefangen auf den Dräger zugegangen?"

Christian: Das war eindeutig die richtige Entscheidung, denn sonst hätten wir uns nicht kennengelernt!

Alice: *Obwohl es für mich manchmal noch seltsam ist, wenn ich euer Haus betrete. Früher wart ihr ja für mich wie so Märchenfiguren ... Leute, über die man zwar ständig spricht, weil ihr mit dem Drägerwerk eben einer der Hauptarbeitgeber in der Region seid, aber wo man als Normalbürger genau weiß: Mit denen wirst du nie zu tun haben, das ist die High Society.*

Christian: Das stimmt aber nicht!

Alice: *Nein, da hast du recht. Aber das habe ich ja erst gemerkt, als ich euch kennengelernt hab. Und trotzdem war es am Anfang für mich noch ein komisches Gefühl, wenn ich abends eure Haustür hinter mir schloss, um auf mein Fahrrad zu steigen und heimzufahren. In den ersten Wochen ist mir noch mulmig geworden bei dem Gedanken, mit wem ich es da eigentlich zu tun habe. Ihr steht in der Liste der 500 reichsten Deutschen auf Platz 108. Ihr habt inzwischen über 15.000 Mitarbeitende und seid in 190 Ländern aktiv mit einem Umsatz von 3,4 Mrd. Euro. Und trotzdem seid ihr so bodenständig geblieben. Man fühlt sich gar nicht wie bei reichen Leuten. Ich meine, ihr habt schon ein hübsches Haus. Doch es ist nichts Außergewöhnliches ... keine Riesenvilla, kein Porsche vor der Haustür. Und auch ihr als Menschen: einfach zwei sympathische und herzliche Menschen.*

Christian: Danke!

Alice: *Ihr macht mir Mut weiterzumachen, nicht aufzugeben, mich vielleicht doch wieder zu trauen und Risiken einzugehen.*

Christian: Ja, die Angst musst du loslassen. Denn erfolgreich sein und damit auch eine gewisse Macht zu haben, ist nichts Schlechtes. Im Wort Macht steckt ja auch das Verb „machen". Mit Geld kannst du etwas machen, kannst du etwas bewegen.

Und neben den Visionen und den Ideen brauchst du auch die Möglichkeiten, es umzusetzen.

Alice: *Hm. Das ist ein interessanter Gedanke. Vielleicht ist das auch ein Grund, warum ich bisher gescheitert bin. Ich sollte vielleicht mal mein Mindset anschauen, die Beziehung, die ich zu Geld habe.*

Christian: Ja, das ist sicherlich sinnvoll!

Gründungsjahre Alice

Alices Kindheit

Christian: Jetzt habe ich dir schon kurz über das Drägerwerk berichtet. Wenn du nun Tipps und Tricks von mir haben möchtest für deine Selbständigkeit, musst du mir erst mal erzählen, wie du überhaupt dazu gekommen bist, dich selbständig zu machen. Du bist ja eine ganz andere Generation. Als du 1986 geboren bist, war ich schon seit zwei Jahren Vorstandsvorsitzender der Drägerwerk AG und mehr als zwanzig Jahre im Betrieb. Ich hörte heraus, dass du auf einer Waldorfschule gewesen bist, wie meine Enkel, wie war es dort?

Alice: *Ich bin sehr dankbar, dass ich auf einer Waldorfschule war. Meine Mutter hatte sich dafür eingesetzt, weil sie selbst keine schöne Schulzeit hatte. Sie wollte, dass ich mich frei entfalten kann. Das rührte wohl daher, dass sie selbst sehr künstlerisch und schauspielerisch begabt ist, also sehr kreativ und intelligent. Doch sie wuchs in einem Arbeiterhaushalt auf, wo sie wenig Chancen hatte, ihre Fähigkeiten zu entwickeln. Auf der Waldorfschule wurde ich darin unterstützt, eine starke Persönlichkeit zu entwickeln. Ich wurde von innen heraus motiviert zu lernen und mir wurde der Sinn des Lernens dargestellt. Aber es war auch nicht immer alles schön, es gab Mobbing auf der Waldorfschule. Das war für mich eindeutig schlimmer als später im Gymnasium.*

Christian: An der Waldorfschule Mobbing? Das hätte ich nicht gedacht. Aber trotzdem bist du dankbar, dass du auf die Waldorfschule gehen konntest? Inwiefern?

Alice: *Ja. Es gibt Pro und Contra. Aber diese beiden gegeneinander abgewogen, würde ich sagen, dass ich dank der Waldorfschule sehr viel Selbstbewusstsein entwickeln konnte und gelernt habe, meinen eigenen Weg zu gehen.*

Christian: Wodurch konntest du denn Selbstbewusstsein aufbauen?

Alice: *Ich wurde sehr in meiner Selbstwirksamkeit gestärkt. Kreative Ideen von mir wurden nicht abgewertet, sondern man gab mir den Raum, sie umzusetzen.*

Christian: Was bedeutet denn Selbstwirksamkeit?

Alice: *Selbstwirksamkeit ist das Vertrauen in die eigenen Fähigkeiten. Durch handwerkliche Arbeiten wie Gartenbau, Handwerk, Stricken und Nähen hielt ich schnell etwas in der Hand, was durch mein eigenes Tun entstanden war. Diese Erfolgserlebnisse haben mich mit Stolz erfüllt und mir selbst das Gefühl gegeben, ICH KANN WAS. Ich konnte sagen: „Diese Schuhbürste und diese Hängematte habe ich selbst gemacht!" Ein solches Gefühl hat man beim Lernen nicht so schnell. Und ich glaube dieses Gefühl „Ich schaffe das! Ich kann das!" war für mich später in der Selbständigkeit sehr wichtig. Denn wenn etwas nicht funktioniert hat, bin ich wieder aufgestanden und hab es anders probiert, bis es funktionierte.*

Christian: Ja, so ging es mir auch mit den technischen Arbeiten, die mir so viel Spaß gemacht haben. Also würdest du die Waldorfpädagogik bejahen?

Alice: *Ja, sie hat zumindest sehr viele gute Ansätze, auch wenn manches erneuert werden könnte. Wusstest du, dass auch bekannte Unternehmer auf einer Waldorfschule waren, wie Ferdinand Porsche, Götz Rehn von Alnatura oder Kenneth Chenault von American Express?*

Christian: Ach tatsächlich? Nein, das wusste ich nicht.

Alice: *Und auch mein ehemaliger Klassenkamerad David Behre, jetzt Weltmeister und Paralympics-Teilnehmer in Leichtathletik, antwortete in einem Fernsehinterview auf die Frage, ob ihm die Waldorfpädagogik gutgetan habe, mit Ja. Er meinte, dass diese mit einer der Gründe ist, warum er den Unfall damals, bei dem er beide Beine verlor, gut überstanden hat. Was unseren Klassenlehrer Matthias Moser angeht, sind wir beide der Meinung, dass wir ihm viel zu verdanken haben. Er hat uns Durchhaltevermögen gelehrt. Er hat uns die ersten acht Jahre begleitet und er hatte ein sehr feines Gespür. Er hat uns die Zeit gegeben, die wir brauchten, um uns zu entwickeln und nicht mit Noten unter Druck gesetzt.*

Christian: Das klingt gut. Denkst du, deine Selbstwirksamkeit hat dich darin unterstützt, dich in das Unternehmertum hineinzuwagen?

Alice: *Ja, das ist sicher. Wir wurden darin gefördert, etwas zu unternehmen. Durch das Theaterspielen und die Monatsfeiern, bei denen wir vor 400 oder 500 Eltern standen und Gedichte aufsagten, gesungen haben oder eben Schauspiele präsentierten, wurde mir jegliche Angst vor Präsentationen genommen.*

Christian: Und hast du nun ein Unternehmer-Gen?

Alice: *Ja, vielleicht. Das könnte schon sein, dass es in der Familie liegt. Aber ich brauchte erst den Kontakt mit meinen späteren Freunden im Erwachsenenalter, die mir die Selbständigkeit näherbrachten und mir dies als Möglichkeit aufzeigten. Ich glaube, ohne sie wäre ich nie auf die Idee gekommen, mich selbständig zu machen. In meiner Kindheit hatte ich einfach zu wenig Berührungspunkte damit. Im Gymnasium wird ja leider überhaupt nicht davon gesprochen. Wir lernten dort wenig Relevantes für das wirtschaftliche Überleben wie etwa Buchführung, Unternehmensführung, Aktienhandel oder Finanzen.*

Christian: Du glaubst also sowohl an das Unternehmer-Gen als auch, dass man Unternehmertum lernen kann?

Alice: *Nicht nur, dass man es lernen KANN, sondern – manchmal auch ganz unabsichtlich – lernen MUSS.*

Christian: Inwiefern?

Alice: *Ich wurde als Kind in gewisser Weise gezwungen, etwas zu UNTERNEHMEN. Da meine Mutter psychisch erkrankte, als ich drei Jahre alt war und irgendwann nicht mehr fähig war, sich weiter um mich und meine geistig behinderte Schwester zu kümmern. Meine Mutter kam häufig in die Psychiatrie. Da wir direkt neben meiner Oma wohnten, war ich meist bei ihr. Insofern änderte sich anfangs nicht viel. Erst als ich sieben Jahre alt war, zogen meine Eltern in die Stadt. Zwei Jahre später trennten sie sich. Zunächst lebte ich mit meiner Mutter zusammen, bis ich mir mit dreizehn Jahren eine Pflegefamilie gesucht habe. Ich musste selbst Verantwortung für mich tragen und meine Zukunft gestalten, mein Leben in die eigene Hand nehmen. Damit wurde vielleicht der Grundstein für mein späteres Unternehmertum gelegt.*

Christian: Du hast also in einer Pflegefamilie gelebt? Wo war denn dein Vater?

Alice: *Ja. Ich lebte zwischenzeitlich für drei Monate bei ihm, da unser Verhältnis damals angespannt war, wollte ich nicht bei ihm wohnen.*

Christian: Und deine französischen Großeltern konnten wahrscheinlich auch nicht helfen?

Alice: *Ne, sie wohnten ja in Lyon. Ich sah sie nur einmal im Jahr. Insofern hatte ich zu ihnen kein besonderes Verhältnis. Meine deutschen Großeltern waren, bis wir von ihnen wegzogen, auf jeden Fall ein wichtiger Teil meines Lebens. Denn meine Mutter habe ich eigentlich schon mit drei Jahren verloren.*

Christian: Wie meinst du verloren? Sie kam doch aus dem Krankenhaus zurück, oder nicht?

Alice: *Ja, aber vollgepumpt mit Psychopharmaka war sie nicht mehr dieselbe. Ihre Kreativität und Fröhlichkeit waren schon durch die Depression verschwunden. Nach den Krankenhausaufenthalten war sie nicht mehr traurig, aber sie konnte auch nicht mehr fröhlich sein. Sie war nur noch eine Hülle ohne Innenleben.*

Christian: Hat dich das sehr geprägt?

Alice: *Ja, ich habe mich häufig gefragt: Warum wurde sie depressiv? Was hat ihr gefehlt? Denn eigentlich war sie sehr talentiert: Sie war intelligent, kreativ und fröhlich. Und doch wurde sie depressiv. Die Frage nach der Ursache hat mich so stark geprägt, dass ich mich später entschied, mit kreativen Menschen wie ihr zu arbeiten und sie dabei zu unterstützen, ihren eigenen Weg zu gehen, ihre Kreativität und Intelligenz auszuleben.*

Christian: Hast du eine Antwort darauf gefunden, warum sie depressiv wurde?

Alice: *Ja, ich denke schon. Sie eckte häufig mit ihren abstrusen, kreativen Gedanken an. Ihre Gedanken sind sprunghaft und sie redet häufig so schnell, dass viele ihr gar nicht folgen können. Sie ist einfach anders. Sie war alles, aber nicht gewöhnlich! Und das kann schwierig werden in unserer Gesellschaft, wo alles angepasst werden und der Norm entsprechen muss.*

Christian: Jetzt verstehe ich auch, warum du mich am Anfang gefragt hast, ob es Situationen in meinem Leben gab, die mich zum Unternehmer haben werden lassen.

Alice: *Ja. Ich denke, Unternehmer sind eine Menschensorte für sich. Sie sind häufig anders. Es interessiert mich, ob es da Regelmäßigkeiten und Ähnlichkeiten gibt oder nicht.*

Existenzgründung
Schlaganfall als Antriebskraft

Christian: Die Erfahrungen mit deiner Mutter waren also die ausschlaggebende Grundlage für deine Motivation, dich für Menschen einzusetzen, die etwas anders sind. Aber warum hast du dich denn entschlossen, dich selbständig zu machen? Du hättest ja auch etwas Soziales studieren und in einer festen Institution arbeiten können?

Alice: *Es war ja nicht nur meine Mutter, die immer irgendwie ein wenig „anders" gewesen ist, sondern auch bei meinen Freunden sah ich dieses „Anderssein". Durch meinen Schlaganfall mit 20 Jahren hatte ich die Erfahrung gemacht ...*

Christian: Moment, davon hast du mir aber noch nichts erzählt. In deinem Alter hattest du bereits einen Schlaganfall? Ich hatte vor zwei Jahren einen, aber in meinem Alter tritt das ja häufiger auf.

Alice: *Ja, während die anderen in der Abiturprüfung saßen, lag ich drei Monate im Krankenhaus. Ich wurde am Kopf operiert und musste dann vieles neu lernen. Selbst den Namen meiner Eltern kannte ich direkt nach der OP nicht mehr. Das kam dann alles wieder, aber mein Kurzzeitgedächtnis war einfach völlig hinüber. Freunde sagten mir erst im Nachhinein, dass es nervig war, wenn ich jede Geschichte wiederholte, weil ich bereits nach zwei Sekunden vergessen hatte, dass ich sie bereits erzählt hatte. Das war natürlich nicht die beste Voraussetzung, um das Abitur nachzuholen. Aber es waren drei Monate, die ich Zeit hatte, um über mein bisheriges Leben und mein Zukünftiges nachzudenken. Drei Monate der Selbstfindung. Es war alles so schnell passiert, erst die Pflegefamilie, dann mit 17 die eigene Wohnung und schon stand der Schulabschluss vor der Tür. Im Nachhinein bin ich unglaublich dankbar für diese Erfahrung, weil sie mir die Augen geöffnet hat.*

Christian: Wofür die Augen geöffnet?

Alice: *Ich hatte neben dem Schulpraktikum noch einige andere Praktika gemacht, aber konnte mich nicht wirklich entscheiden, welchen Beruf ich später mal ergreifen wollte. Mit der Abiturprüfung kam auch die Frage immer näher: „Was will ich eigentlich später machen?" Und genau zu dem Zeitpunkt erlitt ich den Schlaganfall und damit wurde mir Zeit geschenkt, dieser Frage nochmal tiefer auf den Grund zu gehen.*

Christian: War das nicht ein ziemlicher Schock, in dem Alter bereits einen Schlaganfall zu erleiden?

Alice: *Ja durch diesen Schock wusste ich dann, dass trotz meines jungen Alters jeder Tag der letzte sein könnte. So bekam mein Leben eine ganz andere Bedeutung.*

Christian: Ja, das verstehe ich. Was hast du letztendlich daraus gelernt?

Alice: *Unglaublich viel! Vor allem mein Leben mehr wertzuschätzen und dass es nicht darauf ankommt, viel Geld zu verdienen oder eine hohe Position zu erreichen. Sondern es viel wichtiger ist, glücklich zu sein. Und zum Glücklichsein brauche ich meist gar nicht viel Geld.*

Christian: Das stimmt! Und gab es noch Folgen durch den Schlaganfall?

Alice: *Durch den Schlaganfall selbst nicht, aber durch die OP später. Die Ärzte durchtrennten einen Sehnerv und dadurch bin ich halbseitig erblindet. Ich bin jetzt blinder als ein Einäugiger, kann aber noch dreidimensional sehen.*

Christian: Das kann ich mir schwer vorstellen als normal Sehender.

Alice: *Na ja, was ist schon normal? Manche Menschen sind halbblind seit der Geburt und denken immer, sie wären normal sehend. Bis ihnen dann jemand erzählt, dass andere Menschen mehr sehen als sie. Wir denken immer, wir wären normal. Aber eigentlich ist jeder Mensch anders. Wir WOLLEN nur immer alles normalisieren und standardisieren. Die ersten Monate nach dem Schlaganfall waren sehr interessant. Am Anfang habe ich alles doppelt gesehen, dadurch auch häufig Flüssigkeiten nicht ins Glas, sondern daneben geschüttet. Oder ganz einfache Worte wie Haus oder See kamen mir nicht auf die Zunge. Das war lustig, ich fühlte mich drei Monate wie dauerbetrunken. Hätte ich damals in euer Alkoholtest-Gerät gepustet, wäre womöglich noch dauerhaft 1 Promille bei rausgekommen (Lacht).*

Christian: Ich glaube, der Alkoholtest mit unserem Gerät hätte da wohl nicht viel gebracht, aber während du im OP lagst, hat man in deiner Behandlung sicherlich auch unsere Geräte genutzt!

Alice: *Ja, bestimmt. Spätestens als ich beim Anästhesisten war und er mich in mein Traumland brachte (Lacht). Wer weiß, vielleicht hing ich ja an einem eurer Narkosegeräte, einem Cicero zum Beispiel. Ich weiß auf jeden Fall, dass sich alles irgendwann aufgelöst hat, bis mir die Augen dann zufielen.*

Motivation zur Selbständigkeit

Alice: *Wo waren wir denn vorhin stehen geblieben, als du mich auf den Schlaganfall angesprochen hast? Ah ja, warum ich beschlossen hab, mich selbständig zu machen. Durch meinen Schlaganfall hatte ich also die Erfahrung gemacht, dass Anpassung nicht der richtige Weg ist. Ich erkannte, dass mich das Gefühl, durch mein Anderssein „falsch zu sein" immer gestresst hatte. Und der ständige Versuch, mich anzupassen, hat mich auch wirklich krank gemacht. Ich lernte viel über mich in der Zeit. Ich begriff, dass ich manchmal langsamer reden muss, als ich denke, um andere mitzunehmen. Ich verstand, dass ich meine kreativen Ideen nicht alle gleichzeitig umsetzen kann. Ich bekam ein Gefühl dafür, in welchen Kreisen von Menschen ich das Sprudeln der Ideen zeigen kann und in welchen nicht. Da ich nur so eben dem Tod entgangen bin, wusste ich: Das Leben ist viel zu kurz, um so wie alle anderen zu sein und allen gefallen zu wollen!*

Christian: Hattest du direkt nach dem Abitur die Idee zur Selbständigkeit?

Alice: *Nein. Zunächst hatte ich in Marburg Mathe und Physik auf Lehramt studiert. Anschließend trat ich meine erste Stelle als Lehrerin an einer Privatschule in der französischen Schweiz an. Es war eine Hochbegabtenschule. Meine Schülerinnen und Schüler waren meist um die 12 Jahre alt. Als Lehrerin ging ich meinem tiefen Wunsch nach, Kinder in ihrer Wissbegierde zu fördern und ihnen Mut zu machen, zu sich selbst zu stehen, zu ihrem Anderssein.*

Christian: Motiviert durch die Erfahrung, dass die Anpassung dich krank gemacht hat?

Alice: *Ja, ich wollte Kindern Kraft geben, sich nicht anzupassen. Lustigerweise kam ich an eine Schule, auf der besonders auffällige Kinder waren, eben Kinder, die anders sind. So wie ich es früher auch war. Diese Kinder waren schwierig, vor allem, weil sie sich häufig dem Lernen verweigerten. Aber aufgrund meiner eigenen Erfahrungen in der Schule konnte ich mich mit ihnen identifizieren und ihre Schwierigkeiten nachvollziehen.*

Christian: Was war denn besonders an diesen Kindern? Gab es besondere Charakterzüge, die ihre Andersartigkeit ausmachte?

Alice: *Sie waren sehr neugierig, sie hatten ein großes Beharrungsvermögen beim Lösen von Aufgaben, sie mochten gerne Denkspiele und Knobelaufgaben.*

Christian: Die mochte ich auch als Kind.

Alice: *Viele hatten ein sehr gutes Gedächtnis, auch für Details, teilweise sogar ein fotografisches. Auch hinterfragten sie viele Dinge.*

Christian: Und gab es auch Nachteile?

Alice: *Ja, sie wurden schnell ungeduldig, wenn es ihnen zu langsam voranging oder sie etwas nicht interessierte. Manche waren auch einfach faul, wenn sie keinen Sinn in der Aufgabe sahen. Nach außen wirkte es dann, als ob sie Konzentrationsprobleme hätte. Manche ließen sich aber auch so schnell ablenken, dass sie deshalb tatsächlich Konzentrationsprobleme hatten. Denn diese Kinder hatten eine besonders starke Wahrnehmung: Musik, Bilder oder Videos hörten oder sahen sie nicht nur, sondern es war, als ob sie sie miterleben würden. Sie wirkten schnell besserwisserisch und altklug auf andere.*

Christian: Ja, das sagten mir damals auch manche.

Alice: *Sie hatten häufig ein Problem damit, Autoritäten anzuerkennen, wenn deren Forderungen und Verhalten ihnen nicht sinnvoll erschienen.*

Christian: Das kenne ich von meinem Sohn. Er kam häufiger in Schwierigkeiten, weil er einfach gemacht hat, was er für sinnvoll hielt.

Alice: *Ja, dein Sohn ist ja auch sehr neugierig, und andere Eigenschaften treffen, glaube ich, ebenfalls auf euch beide zu. Teilweise interessierten sich die Kinder für so viele Dinge, dass sie sich nicht entscheiden konnten. Ihr starkes Bedürfnis nach Ehrlichkeit und Moral führte auch häufig dazu, dass sie sich ungerecht behandelt fühlten oder auch durch ihre direkte Art anderen ins Gesicht sagten, was sie dachten. Gleichzeitig reagierten sie, wegen ihrer feinen „Antennen", manchmal sehr empfindlich und zogen sich dann zurück. Manche fingen an zu stottern, weil sie gar nicht so schnell reden konnten, wie sie dachten. Oder sie unterbrachen andere einfach, weil sie meinten, schon zu wissen, was der andere sagen will.*

Christian: Wie kamst du auf die Idee zur Selbständigkeit?

Alice: *Ich sah bald, dass ich in diesem Schulsystem sehr an den Lehrplan gebunden war und nicht frei auf die Kinder eingehen konnte. So entschied ich mich, in die Selbständigkeit zu gehen.*

Christian: Als was hast du dich dann selbständig gemacht? Und warum mit Erwachsenen, nicht mit Kindern?

Alice: *Als Lehrerin hatte ich damals selbst Fortbildungen gesucht, um diese Kinder besser zu verstehen. Ich hatte aber nichts gefunden und so entschied ich mich, Weiterbildungen für Lehrer anzubieten. Außerdem wollte ich durch Coaching betroffene Erwachsene im Einzelgespräch fördern, mit ihnen ihre Begabungen und Talente gemeinsam erkennen und einen Weg finden, diese optimal zu nutzen.*

Christian: Jetzt habe ich auf jeden Fall verstanden, auf welche Gruppe von Menschen du dich spezialisiert hast: Menschen, die „anders" sind, mit vielen Talenten, die sich aber schwertun, sich anzupassen. Deine Motivation kam durch deine Mutter, den Schlaganfall, die Kinder in dieser Schule und deine Freunde.

Alice: *Ja. Ich sah, welches Potenzial in diesen kreativen Menschen steckt. Wenn sie Hilfe bekamen, sich besser zu fokussieren und sich manchmal zurückzuhalten mit ihren Ideen, dann war es für sie wesentlich leichter.*

Christian: Na, nicht nur für sie ist es dann einfacher, sondern auch für ihre Mitmenschen. Im Unternehmen ist es zum Beispiel für das ganze Team hilfreich und auch das Unternehmen profitiert davon, kreative und innovative Mitarbeiter zu haben.

Alice: *Ja, es ist sogar abhängig davon. Denn wenn ein Unternehmen nicht mehr innovativ ist, dann kann es irgendwann mit dem Wettbewerb nicht mehr mithalten. Deshalb entschied ich mich irgendwann, nicht nur Coaching für die Personen selbst anzubieten, sondern auch Firmen als Zielgruppe in mein Portfolio aufzunehmen.*

Christian: Das ist sinnvoll! Gab es denn einen ausschlaggebenden Moment, der zu deiner Entscheidung beigetragen hat, die Lehrertätigkeit aufzugeben?

Alice: *Ja, als ein Schüler fast seinen Vater verlor durch einen Schlaganfall, war das für mich wieder ein Hinweis, dass mein Schlaganfall und all die anderen Probleme in meinem Leben nicht umsonst geschehen sind. Es war ein Hinweis, dass ich Menschen, die ähnliche Schicksalsschläge erleben, sehr viel geben kann.*

Christian: Ah, und daraus entstand dann die Idee Fortbildungen, Coaching und Vorträge zu geben. Was genau ist denn Coaching eigentlich?

Coaching und Mediation

Alice: *Coaching bedeutet, Menschen zu begleiten, die erkannt haben, dass sie ein Problem haben. Ziel ist es, sie zu eigenen Entscheidungen anzuleiten, damit sie ihre ganz eigene Lösung finden. Das ist mein Ding! Denn damit fördere ich die Menschen in ihrer Eigenständigkeit und brauche ihnen keine Heilung zu versprechen. Für die Heilung ist, meiner Meinung nach, jeder Mensch selbst verantwortlich. Wir unterschätzen häufig unsere Willenskraft. Nachdem ich ein Jahr in der Schweiz als Lehrerin gearbeitet hatte, habe ich eine Heilpraktiker-Ausbildung zur Psychotherapeutin gemacht, aber mich dann ganz klar gegen Therapie entschieden. Denn im Kontext der Therapie habe ich häufig erlebt, dass Leute zum Therapeuten gehen und sagen: „Ich bin krank, mach mich wieder gesund!", aber keine Eigeninitiative zeigen, daran mitzuarbeiten.*

Christian: Und hast du dann noch eine Ausbildung gemacht, um dich selbständig zu machen?

Alice: *Als Basis dienten mir mein Studium sowie die Ausbildung zur Heilpraktikerin für Psychotherapie. Durch meine speziellen Studienfächer Mathe und Physik habe ich schon im Lehramtsstudium viel mit Nerds zusammengearbeitet. So konnte ich diesen Menschen später im Coaching auch besser folgen, wenn sie von ihren technischen und mathematischen Interessen erzählt haben. Außerdem habe ich Mediation studiert.*

Christian: Mediation? Ist das nicht eine Entspannungsübung?

Alice: *(Lacht) Du meinst Meditation? Ne, Mediation ist Konfliktmanagement, Klä-*

rungshilfe. Aber Meditation kann auch behilflich sein, um erst mal zu sich zu kommen, bevor man in so ein Klärungsgespräch hinein geht. Meine Facharbeit habe ich über kreative und innovative Menschen in der Mediation geschrieben, welche Probleme in der Kommunikation mit ihnen besonders häufig vorkommen und was zu beachten ist, bei ihren Eigenheiten im Umgang mit anderen.

Christian: Und was machst du als Mediatorin?

Alice: *Ich drösele Konflikte auf, um sie verständlicher zu machen, warum sie entstanden sind und um letztendlich eine gemeinsame Win-win-Lösung zu finden, die für beide Parteien gut ist. Aber das ist natürlich nicht immer möglich. Ganz häufig hilft es schon sehr, wenn jemand Externes dabei ist und die Diskussion moderiert, um herauszufinden, was den jeweiligen Parteien wichtig ist. Häufig erarbeite ich aber mit den Teilnehmenden auch vor dem Konfliktgespräch die gemeinsame Vision, was sie zusammenhält, warum sie überhaupt gemeinsam in einem Team sind. Vor lauter Alltag und Konflikt vergessen das nämlich viele.*

Christian: Lernen die Leute da auch allgemein etwas über eine bessere Kommunikation für die Zukunft?

Alice: *Mediation selbst ist kein direktes Kommunikationsseminar, aber natürlich lernen sie viel für ihre Kommunikation in der Zukunft. Generell bringt uns Streit ja immer weiter, wenn wir daraus auch über uns selbst viel lernen. Und ich gebe meinen Teilnehmenden einige Werkzeuge an die Hand, wie sie in Zukunft sensibler auf Konflikte eingehen können und es sozusagen schon riechen, wenn ein Konflikt in der Luft liegt.*

Christian: Du gibst ihnen sozusagen einen Kanarienvogel mit in den Stollen. Denn bevor in den 1930er-Jahren unser „Dräger-Röhrchen" erfunden wurde, nahm man Kanarienvögel mit in den Stollen des Bergwerks, um vor Gasen gewarnt zu werden, die zu Vergiftungen, Erstickungen, ja sogar zu Explosionen führen konnten. Hörte der Vogel auf, zu zwitschern, war dies ein Warnsignal und die Bergleute verließen schnell den Stollen.

Alice: *(Lacht) Ja, genau. Meine Kanarienvögel sind Kommunikationsmethoden, um Konfliktsituationen schon sehr früh zu identifizieren und zu beheben.*

Christian: Wusstest du, dass seit 1999 auch das deutsche Parlament auf Messtechnik von Dräger vertraut?

Alice: *Ne, um das Parlament vor giftigen Gasen zu schützen?*

Christian: Ja, diese Messtechnik überwacht die Luft im Reichstagsgebäude.

Alice: *(Lacht) Damit sie nur vor politischen Debatten brennt. Und dafür bin ich dann zuständig, wenn es dort vor lauter Konflikten raucht. Insofern könnte man sagen, mache ich das Gleiche: Ich rette die Menschen vor schlechter Luft und vor lebensgefährlichen Gasen in der Kommunikation und helfe Konflikte zu deeskalieren und zu lösen.*

Christian: Sehr schön. Jetzt bin ich sehr gespannt zu hören, wie deine Gründungsjahre verliefen. Die ersten bedeutsamen vier Jahre. Für meinen Urgroßvater Johann Heinrich wäre es nun 1893 gewesen ...

Erste Gründungsjahre
Gründungsidee im Harz

Alice: *Lustige Vorstellung, meine ersten vier Jahre mit den ersten vier Jahren deines Uropas zu vergleichen. Da liegen 127 Jahre und ein ganzes Jahrhundert voll mit technischem Fortschritt dazwischen. (Lacht)*

Christian: Aber du bist ja eher auf der psychischen Ebene unterwegs ... Und ob wir uns da als Gesellschaft so viel weiterentwickelt haben ...? Wie war es für dich, deine eigene Existenz zu gründen? Hattest du Angst vor der Selbständigkeit?

Alice: *Hm, ich glaube, am Anfang war ich noch voller Enthusiasmus. Die Angst kam erst später. Die Idee der Existenzgründung entwickelte sich, als ich noch im Harz wohnte, 2016 in Quedlinburg.*

Christian: Quedlinburg ist besonders schön. Eine Weltkulturerbe-Stadt!

Alice: *Ich habe auch sehr gerne dort gelebt. Meine Anfangsidee bezog sich auf die Zufriedenheit mit dem eigenen Körper. Was natürlich auch mit meinem Erlebnis zu tun hat, sich falsch zu fühlen und anders zu sein. Zur Selbstakzeptanz gehört auch die Akzeptanz des eigenen Körpers. Und ich wollte das Glück, das ich selbst gefunden hatte, indem ich mich akzeptiert habe, teilen.*

Christian: Glück wird im Gegensatz zu vielen anderen Dingen größer, wenn man es teilt.

Alice: *Ich hatte erst vor, mit anderen zusammen ein Seminarhotel zu gründen und wir hatten auch schon eine Immobilie im Visier. So schrieb ich einen Businessplan zu der Idee, um als Arbeitslose die Förderung für die Selbständigkeit zu erhalten. Glücklicherweise hatte ich einen Freund, der ehemaliger Sparkassenchef war und sich sehr gut mit Finanzen auskannte. Er beriet mich und half mir, den finanziellen Teil des Businessplans zu schreiben. Der Plan war dadurch so gut, dass ich damit schnell überzeugen und sogar an Gründungswettbewerben teilnehmen konnte.*

Christian: An welchen Wettbewerben?

Alice: *Zum Beispiel am deutschlandweiten Businessplan-Wettbewerb start2grow. Ich kam sogar ins Finale.*

Christian: Das ist doch motivierend als Gründerin, nicht?

Alice: *Ja, das stimmt. Aber im Nachhinein bin ich froh, dass wir die Immobilie nicht erworben haben und ich die Seminare erstmal in gemieteten Räumen im Harz und später in Potsdam anbot, ohne direkt ein ganzes Hotel aufzubauen. Spätestens die Coronakrise hätte mich damit in den Bankrott geführt. So konnte ich mich erstmal ausprobieren.*

Christian: Und liefen die Seminare gut?

Alice: *Ne, es war von Anfang an sehr schwer, genügend Teilnehmende zu finden, damit sich das gelohnt hätte. Es war sehr enttäuschend zu sehen, wie langsam das Ganze anlief. Die wenigen, die teilnahmen, waren meist begeistert, und das hat mir immer wieder die Kraft gegeben, nicht aufzugeben. Am Ende der Seminare machten wir Feedback-*

Runden, wo die Teilnehmenden sagen konnten, wie es ihnen gefallen hat. Das waren die Momente, wo ich spürte: „Ich bin am richtigen Platz! Das ist meine Berufung!" Denn hier konnte ich den Menschen das weitergeben, was ich selbst gelernt hatte.

Christian: Es war also dein eigenes Erleben, was dich hat reifen lassen und womit du dann anderen Menschen helfen konntest. So ähnlich wie bei meinem Urgroßvater und Großvater.

Alice: *Wie meinst du das?*

Christian: In London wurde 1907 ein junger Mann aus der Themse geborgen und anschließend wiederbelebt. Mein Urgroßvater hat dies beobachtet und wurde dadurch motiviert, einen Wiederbelebungsapparat zu entwickeln: Menschen, die durch Sauerstoffmangel das Bewusstsein verloren haben, sollten an Ort und Stelle maschinell beatmet und so wieder zurück ins Leben geholt werden.

Alice: *Ach ehrlich? Wart ihr dann die Ersten, die so etwas entwickelt haben?*

Christian: Zumindest ein gutes Gerät. Vorläufer gab es wohl.

Alice: *Cool! Und zu deiner vorherigen Frage: Ja, durch das eigene Erleben war ich motiviert, etwas zu verändern.*

Christian: Für etwas brennen.

Alice: *Mit Mut und mit dem Willen, meine Träume umzusetzen, ging ich damals also in die Selbständigkeit. Ich war auch absolut überzeugt, dass meine Idee genial war und das Business sicherlich sofort super anlaufen würde. Ich weiß noch, wie ich mir ausrechnete, in welchem Monat ich wie viel verdienen würde. Wenn ich jetzt daran zurückdenke: Völlig utopisch und übertrieben! Ich besuchte auch Seminare zum Thema „Gründung" bei der IHK, nahm an weiteren Wettbewerben und an Gründungstreffen teil. Die Ängste kamen nach zwei Jahren, als ich schon so einiges versucht hatte: Ich hatte eine Website, Flyer, hatte ja Räumlichkeiten angemietet und Seminare organisiert – aber es kamen kaum Kunden. So bekam ich das Gefühl: „Mein Angebot interessiert niemanden. Niemand will das haben!"*

Christian: Aber warum bist du drangeblieben? Wäre es nicht sinnvoll gewesen, dir da schon Gedanken zu machen, dein Angebot zu verändern? Du hattest bislang Coaching für Hochbegabte und Hochsensible angeboten, richtig?

Alice: *Ja. Eine Gründungsberaterin riet mir auch, mich weiter zu öffnen und mich nicht nur auf eine Art von Menschen zu fixieren. Sie meinte, ich solle generelles Coaching anbieten. Aber da spürte ich schon, dass mich das schnell langweilen würde, weil mein Herz nicht dafür brannte. Mein Herz brannte für die Menschen, die anders sind, DIE wollte ich unterstützen.*

Christian: Ich glaube, zur Gründung ist es notwendig, dass man für etwas brennt, denn sonst hat man gar nicht die Energie, die schwierigen ersten Jahre durchzuhalten.

Erste Versuche in Potsdam

Christian: Diese Seminare für mehr Selbstakzeptanz hast du dann im Harz und später in Potsdam angeboten?

Alice: *Ja, ich zog schon Ende 2016 nach Potsdam und meldete dort meine Selbständigkeit erst offiziell an. Im Harz gab ich ein, zwei Seminare und sah schnell ein, dass ich erst bekannt genug sein muss, um so weit abseits von Städten genügend Kunden zu finden. Mir war sehr schnell klar geworden, dass es auf dem Land in so einer Kleinstadt sehr schwer sein würde, genügend Kunden zu finden. Denn ich wusste ja, dass nur Leute kommen würden, die auch das nötige Kleingeld haben. Die meisten gehen eher zu einem kassenärztlichen Therapeuten, auch wenn Coaching und Therapie nicht das Gleiche ist.*

Christian: Warum gerade Potsdam? Und hat es dort besser funktioniert?

Alice: *Berlin als Großstadt, dachte ich mir, hätte genügend Leute, die an Coaching interessiert sind. Da ich aber nicht in einer Großstadt wohnen mochte, entschied ich mich für Potsdam. Dort mietete ich in einer Gemeinschaftspraxis, mit anderen Coaches und Therapeuten, einen Coachingraum an. Leider ist es auch dort nicht richtig angelaufen.*

Wie vorhin schon gesagt, die wenigen, die kamen, waren sehr zufrieden, aber es kamen zu wenige. Und so schrumpften meine Reserven. Bekannte machten mich darauf aufmerksam, dass es eventuell mit der Kultur im ehemaligen Osten zu tun haben könnte. Viele Coaches und Heilpraktiker dort würden es schwer haben, erzählte man mir. Weil die Leute es immer noch nicht gewohnt sind, für ihre Gesundheit selbst zu zahlen. In der DDR wurde damals alles, was den Körper und die Gesundheit betraf, vom Staat gezahlt.
Christian: Wäre es doch vielleicht klüger gewesen, in Berlin deine Praxis zu eröffnen?
Alice: *Ich weiß es nicht. Der Standort spielt natürlich eine große Rolle. Aber mittlerweile weiß ich auch, wie wichtig ein gutes Netzwerk und gute Referenzen sind. Die Leute schauen immer: Mit wem hat sie denn schon zusammengearbeitet? Ist sie WIRKLICH gut?*

Christian: Das stimmt. Auch unsere Marke ist mittlerweile auf der ganzen Welt etabliert und schafft Vertrauen. Mit dem Namen Dräger wird gute Technik verknüpft.

Alice: *Ach ja, bei euch ist das ja auch der Fall!*

Christian: Eine Marke sein, bedeutet Qualität zu versprechen. Auch du solltest dich zu einer Marke entwickeln! Wenn die Leute deinen Namen lesen, sollten sie direkt etwas Positives damit verknüpfen. Dann bist du eine Marke!
Aber was hat dich nun nach Lübeck gebracht?

Alice: *Potsdam gefiel mir eigentlich sehr gut. Ich wohnte direkt an der Glienicker Brücke in der Berliner Vorstadt, die umgeben ist von Seen. Aber mir war bewusst geworden, dass es schwer werden würde, in Potsdam genügend zahlungswillige Privatkunden zu finden. Und selbst mit meiner Idee, mein Angebot für Firmenkunden zu erweitern, wäre ich dort nicht weit gekommen. Denn mein Angebot bezieht sich ja dann auf die Personalentwicklung, die Verbesserung der Kommunikation im Team. Das bedeutet, meine Zielgruppe sind größere Unternehmen, die viel Personal haben, die Potenzialentfaltung ihrer Mitarbeitenden unterstützen möchten und bereit sind, in die Verbesserung der internen Kommunikation zu investieren. Und im Bundesland Brandenburg haben rund 90 Prozent der Unternehmen weniger als 10 Mitarbeitende. Da gab es also schon wenige, die überhaupt in Frage gekommen wären.*

Neuer Versuch in Lübeck

Christian: Und warum hast du dich für Lübeck entschieden?

Alice: *Für Lübeck entschied ich mich eher zufällig. Ich war Ende 2017 auf dem 59. Wildschwein-Wochenende der Wirtschaftsjunioren Lübecks. Die Wirtschaftsjunioren sind eine Vereinigung von Selbständigen und Führungskräften unter 40 Jahren. An einem Samstagabend fand im Atlantis Grand Hotel in Travemünde der Ballabend statt. Das war ein tolles Wochenende. Ich fand die Stadt wunderschön und dachte mir: Sie ist im Westen, und die Großstadt Hamburg ist auch nicht zu weit entfernt. Es passte einfach alles. Also brach ich, nach einem knappen Jahr in Potsdam, meine Zelte wieder ab und zog nach Lübeck. Dort fand ich bald ein Zimmer und mietete mir auch hier einen Coachingraum in einer Gemeinschaftspraxis an.*

Christian: Was hast du getan, um in Lübeck bekannt zu werden?

Alice: *Ich musste erstmal viel netzwerken. Ich versuchte regelmäßig zu Unternehmertreffen zu gehen, seien es wöchentliche kleine Gruppen oder Veranstaltungen von der IHK. Auch gründete ich selbst Gruppen, um Kontakte zu knüpfen und mit meinem Thema bekannt zu werden. So rief ich zum Beispiel den „Gründerstammtisch Lübeck" ins Leben und lud zu Infoveranstaltungen ein, auf denen ich Vorträge hielt, wie etwa „10 Tipps, um IT-Fachkräfte zu finden" oder mietete einen Stand bei der IT FOR BUSINESS Messe hier in Lübeck, um mein Thema dort bekannt zu machen.*

Christian: Aber deine Arbeit hat doch nichts mit IT zu tun.

Alice: *Nicht direkt, aber sehr viele kreative, innovative Menschen sind in der IT tätig. Sie suchen immer wieder neue Herausforderungen und die gibt es vor allem in der IT. Daher wusste ich, dass ich dort am ehesten auf meine Zielgruppe stoße.*

Christian: Wie lief es in Lübeck für dich, hattest du viele zufriedene Kunden? Sie sind doch das Wichtigste, denn sie empfehlen dich weiter und schnell baut sich daraus ein Kundenkreis auf. Es heißt doch immer, Mund-zu-Mund-Propaganda sei die beste Werbung.

Alice: *Eigentlich schon, das gilt bestimmt für Restaurants oder Geschäfte, aber nicht fürs Coaching. Warum gehst du zu einem Coaching? Weil du Probleme hast. Möchtest du vor anderen groß erzählen, dass du Probleme hast? Wahrscheinlich nicht. Das sind sehr sensible Themen, die da behandelt werden, worüber die Leute meist nicht reden wollen. Ich hatte nur einen einzigen Coachee, der sich nach unserem Coaching getraut hat, sich vor die Kamera zu stellen und über seine Depressionen zu sprechen. Das fand ich supermutig! Und das, obwohl er sich viele Gedanken gemacht hatte, was passieren könnte, wenn dieses Video jemand aus seinem Dorf sehen würde und es sich dann rumspräche!*

Christian: Ach ja, das hatte ich nicht bedacht.

Per Anhalter ins Fernsehen

Christian: Wenn in deinem Fall also das traditionelle Marketing nicht half, welche anderen Formen der Vermarktung hast du genutzt? Hast du auch mal große Zeitungswerbungen geschaltet?

Alice: *Nein. Ich hatte häufig das Glück, dass die Zeitungen zu mir kamen und über mich schreiben wollten.*

Christian: Prima!

Alice: *Ja, in gewisser Weise schon. Da ich mich auf ein außergewöhnliches Thema spezialisiert hatte, wurde ich zu vielen Interviews im Radio und im Fernsehen eingeladen.*

Christian: Das ist doch die beste Werbung, die man sich wünschen kann!

Alice: *Klar, es war schon eine Chance, aber es ist keine direkte Werbung. Es hat mir meist keine Kunden eingebracht. Es führte dazu, dass die Leute häufig beim Kennenlernen sagten: „Ach, du bist doch die aus dem Fernsehen. Ich habe dich letztens gesehen!". Aber es war in keiner Weise so, dass die Leute mir die Türen eingerannt hätten. Vielleicht liegt das auch daran, dass ich mit Interviews etc. hauptsächlich indirektes Marke-*

ting gemacht habe. Ich habe fast nie direkte Werbung geschaltet mit einem Kaufaufruf: „Buch dir jetzt ein Seminar!" oder ähnlich.

Christian: In welchen Fernsehsendungen warst du?

Alice: *Zum Beispiel beim MDR in der Sendung „Außenseiter – Spitzenreiter".*

Christian: Das passt doch zu dir! So wie du vorhin deine Kindheit beschrieben hast.

Alice: *(Lacht) Stimmt! So ganz normal bin ich nicht! Das erste Mal, Anfang 2016, war ich in der MDR-Talkshow „Unter uns". Dann im RTL, mit Luke Mockridge im Sat.1, später noch zwei Mal im Lokalfernsehen Hamburg 1, und auch im WDR in Aachen gab ich ein Interview. Im NDR-Radio gab es ebenfalls einen Beitrag über mich und meine Arbeit. Und später sogar im BBC-Radio in England und im Radio Marseille in Frankreich.*

Christian: Was, sogar im Ausland? Na, dann verstehe ich aber wirklich nicht, wieso das alles nicht funktionieren wollte.

Alice: *(Lacht) Tja, für die Zuhörer war das Thema interessant, aber kaum jemand fühlte sich angesprochen, geschweige denn, dass jemand eine Lösung für sein ganz eigenes Problem darin gesehen hätte. An Fernsehaufträge zu kommen ist eine Kunst, aber sich im Fernsehen auch so darzustellen, dass die Leute dich buchen, ist noch eine ganz andere Kunst!*

Christian: Wie bist du denn dazu gekommen, ins Fernsehen eingeladen zu werden? Hatten sie dich im Internet gefunden?

Alice: *Nee, das war eine lustige Geschichte! Ich fuhr per Anhalter nach Berlin und erzählte dem jungen Mann, der mich mitnahm, was ich so mache. Und ich gab ihm meine Visitenkarte. Am nächsten Tag rief mich eine Frau an und lud mich in die MDR-Talkshow „Unter uns" ein. Ich war ganz verblüfft, dass MICH das Fernsehen anrief.*

Christian: Und wie waren sie auf dich aufmerksam geworden?

Alice: *Ja, das interessierte mich auch ganz brennend. Ich fragte die Frau vom MDR und sie antwortete: „Mein Sohn hat Sie gestern mitgenommen und dann ganz begeistert von Ihnen erzählt". Ich finde es jetzt noch lustig, wenn ich drüber nachdenke. Wenn mich jemand fragt: Wie bist du an deinen ersten Fernsehauftritt gekommen? Per Anhalter! (Lacht)*

Christian: Das ist wirklich außergewöhnlich.

Alice: *Ja, alles, außer gewöhnlich! Ein anderes Mal fuhr ich wieder per Anhalter bei einem älteren Ehepaar mit. Wir kamen ins Gespräch über meine Selbständigkeit und als ich so erzählte, fiel ihnen irgendwann ein: „Dann warst du das, die wir letztens im Fernsehen gesehen haben!". Sie kamen aus dem Staunen nicht mehr heraus: „Du warst die im Fernsehen? Und du fährst hier per Anhalter? Das müssen wir unseren Enkeln erzählen, das werden die uns im Leben nicht glauben, dass wir jemand aus dem Fernsehen mitgenommen haben!" Es ist komisch, was die Leute manchmal für eine falsche Vorstellung haben: Das jemand, der ein, zwei Mal im Fernsehen war, nun reich und berühmt sei. (schüttelt den Kopf)*

Christian: Menschen haben von vielen Dingen ein falsches Bild. Hast du durch die Fernsehauftritte Kunden bekommen?

Vom Coach zur Rednerin

Alice: *Nach den Fernsehauftritten erhielt ich häufig viele positive Rückmeldungen: „Du wirkst so selbstbewusst!", „Du bist so fotogen beziehungsweise telegen!", „Du kannst so gut deine Meinung präsentieren". Da wurde mir plötzlich bewusst, dass das eine absolute Stärke von mir ist, die ich vielleicht mehr ausbauen müsste. Und mir wurde bewusst, dass ich die Lebenslust, die mir selbst im Leben verloren gegangen war und die ich wiedergefunden hatte, weitergeben möchte. Im Coaching kann ich all das immer nur an eine einzelne Person weitergeben. In einem Vortrag erreiche ich viel mehr Menschen gleichzeitig. So kam ich auf die Idee. Also wollte ich nun Vorträge halten.*

Christian: Wusstest du, wie man an Aufträge kommt und dass das eine ganz andere Zielgruppe ist als beim Coaching?

Alice: *Nein, ehrlich gesagt nicht. Ich hatte damals auch noch gar nicht auf dem Schirm, dass das Erreichen der Zielgruppe eigentlich ganz anders funktioniert als beim Coaching. Aufmerksam darauf wurde ich erst durch ein Kennenlernen mit Norman Gräter, der sich als Redner etabliert hat. Er nahm mich ebenfalls per Anhalter mit (Lacht). Auf unserer Fahrt erzählte er mir viel darüber, wo der Unterschied lag zum Coaching und wie man an Kunden kommt. Das hat mein Interesse dafür geweckt. Er berichtete mir auch von einem Rednerverein, der German Speakers Association (GSA), wo ich dann Mitglied wurde. Aber die Zeit, als ich mich immer mehr auf die Vorträge fokussierte, kam ja erst etwa zwei Jahre nach der Gründung. Es müsste ungefähr die Zeit gewesen sein, als ich auch nach Lübeck zog, also so um das Jahr 2018.*

Christian: Wo hast du denn Vorträge gehalten?

Alice: *An vielen verschiedenen Orten mit sehr verschiedenem Publikum. Ich war in Marketing Clubs eingeladen, bei verschiedenen Lion Clubs oder Rotary Clubs oder bei anderen Unternehmertreffen in Potsdam, Hamburg und Lübeck. Oder auch nationale Treffen, wie beispielsweise mal in Aachen, auf der Personalmesse in Stuttgart oder sogar einmal auf der CeBIT in Hannover. Zurzeit bin ich in einem Mentorenprogramm der German Speakers Association, dort bekommen wir von anderen erfolgreichen Rednern Hilfestellungen, zum Beispiel worauf man achten muss bei der Akquise oder welche Technik für Online-Reden notwendig ist.*

Christian: Na, das ist doch was. Du bist in Entwicklung! Du hast den Ort gewechselt, hast viele Initiativen ergriffen, um in der Öffentlichkeit bekannter zu werden und das hat ja auch in gewisser Weise was gebracht.

Alice: *Gute Vorträge zu halten ist eine ganz eigene Kunst und das bedarf wirklich Übung. Es sind so viele Faktoren zu berücksichtigen: Was ist das Ziel des Vortrags? Wer ist das Publikum? Möchte ich Wissen rüberbringen oder Emotionen? Ich habe bemerkt, dass meine Vorträge häufig nicht fokussiert waren und es fehlte der AHA-Effekt, mit dem die Leute nach Hause gehen und begeistert von mir erzählen. Der Vortrag war vielleicht interessant, aber mehr konnte ich damit leider nicht erreichen.*

Der Begriff allein macht's

Christian: Sind denn Firmen offener für deine spezielle Coaching-Idee als Privatpersonen? Bei Firmen heißt es doch häufig, dass sie Talente suchen.

Alice: *Talente ja, aber bitte angepasst.*

Christian: Vielleicht liegt es am richtigen, am treffenden Begriff für die Personengruppe, die du coachen möchtest. Der fehlt.

Alice: *Ja, da hast du Recht: Ich bin bereits an dem fehlenden Begriff gescheitert. Wie benenne ich die Menschen, mit denen ich arbeiten möchte? Und welchen Begriff benutzen sie selbst, wenn sie nach Unterstützung suchen?*

Christian: Hast du dich mal bei deiner Konkurrenz umgeschaut? Nach anderen, die mit Hochbegabten arbeiten?

Alice: *Ich bin nicht die Einzige, die damit Schwierigkeiten hat. Ich kenne einige Coaches, die versuchen, sich auf die Förderung von Menschen mit besonderen Talenten zu fokussieren, aber auch sie haben das Problem mit dem Begriff „Hochbegabtenförderung". Es gibt viele Vorurteile und viele fühlen sich davon nicht angesprochen, weil sie sich häufig nicht besonders begabt fühlen.*

Christian: Du hattest doch gerade schon eine Stärke von dir genannt, lass uns doch mal dabeibleiben und von dort aus weiterdenken. Du hast also eine gute Ausstrahlung und hast auch keine Angst, auf der Bühne zu stehen. Du bist extrovertiert und kannst gut auf Menschen zugehen.

Alice: *Ja, ich hatte auch häufig Geschäftsführer, die auf meine Werbeanrufe oder Kontaktaufnahmen reagiert haben, ich habe viele erfolgreiche Leute kennengelernt. Manche haben sich auch mit mir getroffen, haben aber später festgestellt, dass sie mich sehr interessant finden, jedoch mich als Person, und nicht das, was ich mache.*

Christian: Na, das ist doch eine eindeutige Aussage: Dein Produkt ist nicht interessant! Also arbeite an deinem Produkt! Welches Problem vom Kunden löst du mit deinem Produkt? Und versuche vielleicht deine gute Ausstrahlung, was ja eindeutig ein Talent von dir ist, dafür zu nutzen!

Alice: *Ja, die kommt auf der Bühne gut an. Vielleicht bin ich manchen aber im Coaching zu wild.*

Christian: (Lacht) Also ich glaube, dass ich mit deiner Art gut umgehen kann.

Alice: *Ich bin für jeden Scherz zu haben und ich nehme das Leben nicht mehr ganz so ernst. Seit meinem Schlaganfall lege ich nicht mehr viel Wert auf das Äußere und auf die von außen aufoktroyierten Regeln.*

Christian: Vielleicht ist deine persönliche Geschichte kein Thema für das Coaching, sondern für die Bühne und für Bücher. Die Leute hören gerne solche Geschichten und sehen diese Menschen auf Bühnen.

Alice: *Ja, das stimmt. Ein Problem ist, dass der Coaching-Markt schon sehr überfüllt ist. Der Begriff ist ja nicht geschützt.*

Christian: Gibt es noch andere Gründe, die du für dein bisheriges Scheitern vermutest? Denn am Standort kann es nicht gelegen haben, da hast du einige Orte ausprobiert. Und wie du erzähltest, hast du auch dein Produkt versucht zu ändern: Vom Coaching Richtung Vorträge halten. Der Erfolg aber blieb trotzdem aus.

Alice: *Eine Sache, die meiner Meinung nach, eine wichtige Rolle spielte: Ich bin zwar eine starke Persönlichkeit, aber ich bin polarisierend.*

Christian: Vielleicht bist du polarisierend, das kann ich nicht sagen. Wenn ja, bin ich auf deiner Polarseite. Hast du schon mal konkret darüber nachgedacht, wer deine Zielgruppe sein soll und ob es bisher wirklich die richtige war? Du sprichst hauptsächlich kreative, innovative Menschen an und dann auch nur die, die mit deiner Art umgehen können. Wäre es da nicht sinnvoll mal darüber nachzudenken dich breiter aufzustellen? Vielleicht nicht nur hochbegabte Menschen darin zu unterstützen, ihre Talente zu nutzen, sondern auch so normal begabte wie mich?

Alice: *Genau da liegt das Problem! Du behauptest normal zu sein, und doch erfüllst du alle Eigenschaften von innovativen, kreativen Menschen. Welches Wort sollte ich nutzen, damit du dich damit identifizierst? Welches Wort passt zu den Eigenschaften, die ich beschrieben hab, und womit auch du dich identifizieren kannst? Und zum Thema „breiter aufstellen": Ich hatte schon versucht, gar keine Bezeichnung mehr zu benutzen. Ich hatte versucht, mein Angebot unter „Talentmanagement" einzustufen und sagte einfach nur, dass ich Talente fördere.*

Christian: Querdenker würde ja eigentlich passen. Hast du mal über diesen Begriff nachgedacht? Die Biografie meines Lehrers Erhard Eppler heißt „Der Querdenker". Nur ist dieser Begriff jetzt natürlich durch die Corona-Gegner negativ belegt.

Alice: *Ich habe dieses Wort auch häufig genutzt. Spätestens ab 2020 konnte ich den Begriff „Querdenker" aus meiner Liste streichen. Das war aber gar nicht so einfach, denn ich hatte mittlerweile fast alles auf meiner Homepage und in meinem Auftritt auf diesen Begriff ausgerichtet. Bei allen Vorträgen stellte ich mich früher vor mit: „Ich bin Alice Moustier, die Querdenker-Gärtnerin. Ich gieße Querdenker, damit sie besser blühen, wachsen und gedeihen." Ich musste viele Texte auf meiner Homepage überarbeiten und überall dieses Wort eliminieren. Dabei war das so ein schönes Wort! Querdenker, Andersdenker, Um-die-Ecke-Denker.*

Christian: Ja, das ist natürlich ärgerlich! Also bist du noch immer auf der Suche nach der richtigen Begrifflichkeit? Die ist ja auch wirklich entscheidend dafür, Kunden anzusprechen und zu gewinnen.

Gute Homepage bedeutet Sichtbarkeit

Alice: *Eine schöne Webseite zu haben und sie als Visitenkarte zu nutzen ist die eine Sache, aber das bringt nicht viel, wenn niemand sie findet. Eine Webseite so gut aufzustellen, dass sie zu vielen Schlüsselbegriffen gefunden wird, ist eine andere Sache und viel Arbeit!*

Christian: Damit kenne ich mich nicht aus. Als ich so jung war, gab es das noch gar nicht. Aber ich glaube dir absolut, dass die Homepage das wichtigste Werbemittel ist in der heutigen Zeit. Mein Sohn Stefan hat mir letztens am Abendbrottisch erzählt, dass Dräger letztes Jahr Tausende Euro dafür gezahlt hat, um bei Google besser gefunden zu werden. Und soweit ich verstanden habe, haben wir uns sogar nur auf spezielle Produkte fixiert.

Alice: *Ah, das würde auch erklären, warum ich euch letztens unter „Beatmungsgeräte" bei Google nicht gefunden hab. Wahrscheinlich seid ihr da so bekannt, dass ihr dafür gar nicht mehr in der Suchmaschine gefunden werden müsst.*

40 *Christian:* Mag sein. Und für dich als junge Unternehmerin ist das umso wichtiger im Internet gefunden zu werden. Wenn jemand etwas zu deinem Thema sucht, dann hat er bereits einen Bedarf. Wie hast du deine Internetseite denn aufgebaut, damit du Kunden findest?

Alice: *Das lässt sich nicht so einfach beantworten. Die Homepage hat sich mit mir immer wieder neu entwickelt. Das war ein langer Prozess. In der Kindheit habe ich gelernt, nicht zu prahlen und zurückhaltend zu sein, selbst wenn es nötig war, mich mit meinen Stärken zu präsentieren. Aber später in Marketingbüchern zum Thema Selbstwerbung, auch Personal Branding genannt, lernte ich, dass man sich trauen muss, sich wirklich gut zu präsentieren. Das fiel mir erst sehr schwer, weil ich eigentlich keine Prahlerin bin. Als ich mich dann aber doch überwand und meine Homepage umgestaltete, bekam ich die Rückmeldung, dass ich zu viel über mich erzählen würde und viel mehr auf die Bedürfnisse meiner Kunden eingehen müsste.*

Christian: Ja, versetze dich immer in deren Lage.

Alice: *Ich habe letztens ein sehr interessantes Buch über „Engpässe" gelesen. In diesem wurde die Theorie formuliert, dass, wenn man wirklich gut auf seine Kunden eingehen will, man sich dann fragen soll: Was für einen Engpass haben meine Kunden? Wo haben sie ein Problem? Bisher hatte ich auf meiner Homepage immer beschrieben, was ich meinen Kunden anbiete. Ich hatte in meiner Zeit als Lehrerin und bei meiner Mutter gesehen, das es Menschen gibt, die ein riesiges Potenzial haben, aber das nicht nutzen und dass unsere Gesellschaft dadurch sehr viel verliert. Daran wollte ich etwas ändern, meine Vision war mir also klar. Ich wusste, was die Lösung war, um Firmen innovativer, erfolgreicher zu gestalten, weil ich mich gut in diese talentierten Menschen hineinversetzen konnte.*

Christian: Aber direkt mit der Lösung zu kommen, ist der falsche Schritt. Du musst ja erst mal darstellen und herausfiltern, was das Problem deines Kunden ist. Da sind wir dann wieder beim Thema Begrifflichkeit.

Alice: *Genau das erkannte ich auch irgendwann. Und vor allem ist es ein Unterschied: Was sehe ich als „das Problem"? Und was sieht der Kunde als „das Problem"? Wenn ich meine, ein Problem gefunden zu haben, sucht der Kunde im Internet noch lange nicht genau danach. Häufig nutzt er ganz andere Wörter als die, die ich für relevant halte.*

Christian: Gib mir mal ein Beispiel!

Alice: *Ich kann auf meiner Homepage zum Beispiel stehen haben, dass ich intelligente, innovative Mitarbeitende fördere. Wenn jemand aber das Problem hat, einen querdenkenden, kreativen Mitarbeitenden loswerden zu wollen, weil er nur Probleme schafft, indem er ständig widerspricht, die Führungskraft nicht als Autorität akzeptiert und alles im Unternehmen in Frage stellt, dann wird er nicht nach „Talentförderung" suchen. Also muss ich erstmal zuhören, was beschreibt mein Kunde als sein eigentliches Problem. Daraus kann ich eruieren, welches Bedürfnis er hat. Doch nur weil er ein Bedürfnis hat, heißt das noch lange nicht, dass wirklich Bedarf besteht.*

Christian: Oh ja, das ist ein großer Unterschied: Bedarf und Bedürfnis. Bedürfnis ist sehr subjektiv, was sich ein Mensch wünscht, um seinen ganz persönlichen Zustand der Zufriedenheit zu erreichen. Bedarf ist das, was grundsätzlich vorhanden sein muss, um einen gewissen Zustand zu gewährleisten.

Alice: *Ja, und da habe ich nicht weit genug gedacht oder man könnte auch sagen, ich habe zu weit gedacht und die Interessenten nicht abgeholt. Marktentwicklungstechnisch war ich noch ganz weit vor der Welle sozusagen. Ich hatte eine Lösung für ein Problem und mein potenzieller Kunde wusste noch gar nicht, dass er da ein Problem hat. Ich brauche nicht nur Leute, die das Problem haben, sondern ich brauche Menschen, die auch bereit sind, an sich zu arbeiten.*

Christian: Damit hast du deine Zielgruppe schon sehr gut beschrieben und eingegrenzt. Welche Rückmeldungen bekamst du außerdem zu deiner Webseite?

Alice: *Einige Leserinnen und Leser hielten die Homepage nicht für seriös. Manch andere wiederum fühlten sich von der Homepage absolut angesprochen und konnten sich sehr damit identifizieren.*

Christian: Also manche hast du erreicht. Du hast ja gerade selbst gesagt, du willst gar nicht alle ansprechen.

Alice: *Das stimmt. Leider waren es nicht genügend Kunden, um meine laufenden Kosten zu decken. Und vor allem hat der letzte Schritt gefehlt, sie zum Kauf zu motivieren: Der Call-to-Action funktionierte meist nicht. Das zog sich eigentlich durch die ganzen vier Gründungsjahre durch.*

Gründungsjahre und Entwicklung Dräger „Bauchladen"

Christian: Manchmal braucht es auch einfach länger als drei Jahre, bis man die richtige Marktlücke gefunden hat, bekannt genug ist und genügend Kunden hat. Bei uns hat es auch einige Zeit gedauert, bis wir unseren Markt gefunden hatten. Wobei der Ausdruck „gefunden" etwas irreführend ist, denn finden kann man nur etwas, was es schon gibt. Und deine Idee war, wie unsere, ja eher neu. Wir mussten die Leute erstmal davon überzeugen, dass mit unserem neuen Lubeca-Ventil etliche Probleme gelöst werden konnten, die vorher unlösbar erschienen.

Alice: *Diese Erfahrung habe ich auch schon gemacht! Viele Menschen sind halt von Anfang an darauf getrimmt, zu denken „das wird nie funktionieren" und sie sind meist nicht bereit, es wenigstens mal auszuprobieren.*

Christian: Das macht vielleicht einen erfolgreichen Unternehmer aus: Man muss von seinem Können überzeugt sein und auch an die Fähigkeiten der Menschen um sich herum glauben. Erfolgreiche Menschen verschließen sich nicht der Möglichkeit, dass etwas – so unwahrscheinlich es auch erscheint – ein Erfolg werden könnte.

Alice: *Ich erinnere mich noch an all die Zweifel aus meinem Bekanntenkreis bei unserem Theaterstück letztes Jahr: „Das schafft ihr niemals in einem Monat! Das ist überhaupt nicht machbar!" Von den Theater-Talenten, die ich bereits gefunden hatte, war ich aber absolut überzeugt. Auch als noch eine Woche vor Auftritt ein wichtiger Schauspieler abgesprungen ist, wusste ich: „Ich darf jetzt nicht aufgeben! Ich muss das schaffen".*

Christian: Siehst du, mit diesem Ehrgeiz kannst du gar nicht scheitern! Jetzt wirkt es auf manche vielleicht noch, als würdest du mit deinen vielen Ideen einen Bauchladen vor dir herschieben, aber irgendwann wirst du deine richtige Marktlücke, deine richtigen Kunden finden! Sicherlich wurde auch meinem Urgroßvater, Johann Heinrich Dräger – dem Gründer des Drägerwerks – vorgeworfen, er würde einen Bauchladen haben und ständig seine Ideen wechseln und immer wieder etwas Neues versuchen.

Alice: *Echt? Wie meinst du das?*

Christian: Er hat nicht direkt mit Medizintechnik angefangen. Er brauchte seine Zeit, um seine Nische zu finden und damit erfolgreich zu werden. Sein Vater war Uhrmacher gewesen, aber er starb an Cholera, als Johann Heinrich gerade sechs Jahre alt war. So wurde mein Urgroßvater Halbwaise. Er wuchs in einem Dorf an der Elbe auf, in Kirchwerder, in den Vierlanden.

Alice: *Ich meine das schon mal gehört zu haben. Das liegt bei Hamburg-Bergedorf?*

Christian: Richtig. Dort lebte er in einfachen Verhältnissen und besuchte die Volksschule.

Alice: *Bei dem Thema interessiert mich: Wie hat Johann Heinrichs Mutter es geschafft, sich mit dem kleinen Sohn über Wasser zu halten? Damals gab es doch wahrscheinlich noch gar keine Witwen- und Waisenrente.*

Christian: Ihr blieb nichts anderes übrig, als sich nach einer Verdienstmöglichkeit umzusehen. Sie dachte über Mittel und Wege nach, wie sie sich und ihrem Sohn die Existenz sichern konnte. Am Ende eröffnete sie ein kleines Geschäft mit Manufakturwaren. Sie kaufte in Hamburg ein und Nachbarn und Freunde aus dem Dorf waren ihre Kunden.

Alice: *Wow, da hat dein Uropa wahrscheinlich von ihr das kämpferische Naturell geerbt, später bei der Gründung eures Unternehmens nicht aufzugeben und immer wieder aufzustehen. Das war echt eine taffe Frau! Was hat dein Uropa gemacht und versucht, womit er dann gescheitert ist?*

Christian: Er begann als Mechaniker mit kleinen Reparaturarbeiten sein Geld zu verdienen. Da sein Vater Uhrmacher gewesen war, hat er sein Werkzeug benutzt. Leider war der Vater ja schon so früh verstorben, dass er seinem Sohn nichts mehr beibringen konnte. So gingen die Fertigkeiten der drei vorhergehenden Generationen verloren. Trotzdem konnte sich Johann Heinrich einen guten Namen für jegliche Art von Uhrenreparaturen machen und er erhielt später von einem ehemaligen Uhrmacher sogar eine Art Ausbildung. Und so eröffnete er zunächst auch einen Uhrenhandel. Er war ein Tüftler. Wenn etwas kaputt war, konnte er den Schaden beheben. Wenn eine Uhr kaputt war, hieß es als Erstes: „Hein Dräger mokt dat wedder!"

Alice: *Wodurch denkst du kam der Wendepunkt, dass er sich dann spitz genug aufgestellt hat mit seinem Angebot?*

Christian: Neben dem Uhrenhandel übernahm er von einem Freund auch eine Feuerversicherungsagentur und bekam dadurch gute Kontakte zu Hamburger Händlern und Geschäftsleuten. Unter anderem lernte er den Generalagenten für Deutschland des amerikanischen Nähmaschinen-Herstellers Singer kennen. Insofern lebte mein Urgroßvater vor der Gründung seines eigenen Betriebes auch vom Vertrieb von Nähmaschinen, die er zunächst als fahrender Handelsmann an die reichen Bauern in Vierlanden verkaufte.

Alice: *Das klingt nach Bauchladen, mit all den Dingen, in denen er sich gleichzeitig versucht hat.*

Christian: Ja. In Bergedorf gründete er dann zusätzlich einen kleinen Laden für technische Artikel wie Nähmaschinen, Barometer und Thermometer. Er nannte sich damals „Uhrmacher und Mechaniker". Er verkaufte also weiterhin Singer-Nähmaschinen, aber eben im eigenen Geschäft sowie Thermometer und Barometer. Und von seiner „Tüftleritis" war er natürlich auch nicht geheilt.

Alice: *Was meinst du denn damit?*

Christian: Ich erzählte ja, dass er gerne tüftelte, aber nicht nur, weil er Spaß daran hatte. Seine Absicht war es, sich darüber ein zweites Standbein aufzubauen. Denn er meinte, dass er nur durch den Verkauf von Uhren und Nähmaschinen seine Frau und seine beiden Kinder, Bernhard und Anna, nicht ernähren könnte.

Alice: *Ja, darüber habe ich auch schon häufiger nachgedacht. Wenn ich noch eine andere Einkommensquelle hätte und das Coaching meine Existenz nicht sichern müsste, würde ich wahrscheinlich ganz anders auf Kunden zugehen, viel lockerer wirken und somit besser rüberkommen. Ich kann von Glück reden, dass ich noch keine Kinder hab. Nur für sich selbst zu sorgen, ist schwer genug.*

Christian: Ja, eine Familie ist immer eine zusätzliche Belastung bei der Gründung einer Firma. Das Problem war in Bergedorf auch, dass die Region viel zu dünn besiedelt war, um genügend Absatz durch den Laden zu erreichen. Aber Johann Heinrich tüftelte weiter, bis er es schaffte, Erfindungen auf den Markt zu bringen.

Alice: *Schon in Bergedorf?*

Christian: Ja, das erste Patent meldete er sogar noch in Kirchwerder an: 1878 eine Vakuumpumpe, die aber kein Fabrikant verwenden wollte. Die brachte ihm also keinen Verdienst ein. Danach meldete er ein Patent auf einen Schablonen-Stecher an, für den autografischen Druck. Und wusstest du, dass sogar die zweite Frau von meinem Urgroßvater, Tony Dräger, ein Patent anmeldete?

Alice: *Ne, echt?*

Christian: Sie ärgerte sich über ihren Besen und erfand einen praktischen Besenstielbefestiger. Es wurde sogar eine Werkstatt eingerichtet und mit dem Verkauf war sie dann erfolgreich.

Alice: *Wie cool! Es war also nicht nur dein Opa und Uropa erfinderisch und unternehmerisch unterwegs, sondern auch die Frauen in der Familie! Wie kam es dann zur Gründung der heutigen Firma?*

Christian: Als mein Urgroßvater in Bergedorf den Laden hatte, lernte er Wilhelm Bergner kennen, den Besitzer des „Bergedorfer Eisenwerks", ein Unternehmen für Molkerei-Maschinen und Landwirtschaftsmaschinen. Er bot Johann Heinrich an, die Firma in Lübeck zu vertreten. Darüber freute sich auch seine zweite Frau Tony, weil sie ursprünglich aus Lübeck kam.

Alice: *Also gab er sein Geschäft in Bergedorf auf und wurde Vertreter eines Landmaschinen-Herstellers?*

Christian: Genau, aber er sah schon nach kurzer Zeit, dass ihn die neue Arbeit nicht erfüllte. Er war für den Vertrieb zuständig und hatte nichts mit den Geräten zu tun. Seinem technischen Interesse konnte er nicht nachgehen. 1888 lernte er dann durch die Künstler- und Kunstfreunde-Vereinigung „Schlaraffia" den Mecklenburger Kaufmann Carl Gerling kennen. Mit ihm gründete er am 1. Januar 1889 die Firma „Dräger & Gerling, Maschinen und Armaturen" in der Braunstraße 15, einen Laden- und Werkstattbetrieb. Die Firma sollte in der Hauptsache kleine Geräte und Maschinen verkaufen. Johann Heinrich war bei der Gründung schon 41 Jahre alt, also einige Jahre älter als du. Gerling brachte ein Betriebskapital von 10.000 Mark ein. Du siehst also, auch mein Urgroßvater hatte bei seiner Gründung nicht genug Geld, um sein Gründungsvorhaben selbst zu finanzieren. Auch er brauchte Unterstützung!

Alice: *Ja und wie es immer im Business ist: Kontakte sind das A und O!*

Christian: Ja, Kontakte sind wirklich wichtig! Mein Großvater Bernhard war bei der Firmengründung seines Vaters bereits 18 Jahre alt, er war im Frühjahr 1889 in den väterlichen Betrieb eingestiegen, da sein Vater ihn häufig zur Unterstützung brauchte. Obwohl damals noch Lehrling in der Reparaturwerkstatt der Lübeck-Büchener Eisenbahn, saß Bernhard oft nach Feierabend noch in dem Kontor unserer langsam wachsenden Firma. Und nach einem Jahr der Ausbildung dort in der Werkstatt, erhielt er durch seinen Betriebsleiter die Erlaubnis, als Lehrling auszuscheiden. Bernhard war im Betrieb seines Vaters als Werkmeister und Mechaniker tätig. Ihm war es sehr wichtig, sein technisches und naturwissenschaftliches Wissen zu erweitern. 1893 konnte er noch zwei Semester studieren, bevor er wieder in dem noch kleinen Betrieb seines Vaters aushelfen musste. Während seiner Zeit als Student in Berlin kam es ihm vor allen Dingen auf die Grundzüge der Metallografie, des Hüttenwesens und der Mechanik an. Dieses Grundwissen benötigte er für seine späteren Tätigkeiten. Er sagte selbst im Nachhinein, dass die kurze Studienzeit doch für seine Zukunft sehr entscheidend war. Und besonders entscheidend für seine Zukunft war der persönliche Kontakt zu seinem Professor Franz Reuleaux. Denn durch ihn hatte er Zutritt zu verschiedenen Fabriken und diese praxisnahen Bezüge verdeutlichten ihm das in der Hochschule gelernte.

Alice: *Und du hattest ja erzählt, dass er durch seinen Professor den Unterschied zwischen Handwerk und Massenfabrikation kennengelernt hatte, oder? Denn dein Urgroßvater hatte bis dahin ja noch gar keine große Fabrik.*

Christian: Bernhard war klar, dass er Großindustrieller und Massenfabrikant werden wollte. Wie schon gesagt: Er hatte einen starken Willen. Als er dann im Betrieb arbeitete, studierte er alle Kataloge mit den verschiedensten Geräten und Maschinen, die sie bestellen konnten. Unter anderem entschied er sich für „Bierdruckapparate". Ihre Funktion war es, dem Fassbier Kohlensäure hinzuzufügen und gleichzeitig aus dem Fass zu drücken. Bier mit Kohlensäure schmeckte nämlich frischer als das damalige herkömmliche Bier.

Alice: *Interessant! Ehrlich gesagt wusste ich gar nicht, dass es einmal Bier ohne Kohlensäure gab.*

Christian: Und wenn wir von Bauchladen reden, ist es wichtig zu wissen, dass die Gründung der Firma 1889 das Ende von Johann Heinrichs vielen Versuchen war. Mit den Bierdruckautomaten waren wir sozusagen schon fast in der Sauerstoff-Industrie angekommen. Es gab dann zwar immer wieder schwierige Zeiten, aber ab 1889, kann man sagen, wurde mein Urgroßvater erfolgreich. Er verkaufte zunächst nur Bierdruckapparate von fremden Firmen, aber da die Kunden immer speziellere Wünsche hatten und auch die Nachfrage enorm wuchs, stellten sie bald schon selbst Geräte her. Und so kam mein Urgroßvater irgendwann darauf, eine eigene Produktion zu starten. Das war natürlich ein großes Risiko, aber da sein Herz für die Mechanik schlug, wollte er sich darauf konzentrieren. Für die Bierdruckautomaten wurde dann das Lubeca-Ventil als Druckminderer erfunden. Mit dessen Patent änderte sich der Geschäftszweck der jungen Firma. Durch die Kohlensäure sind wir zu unseren ersten technischen und wirtschaftlichen Erfolgen gekommen. Die Stiefmutter meines Großvaters Bernhard, Tony Dräger, gründete sogar einen Bier-Verlag, um die Kneipen umfassend zu versorgen.

Alice: *Also stand dem Erfolg nichts mehr im Weg!*

Christian: Oh doch! 1890, also kurz nach Firmengründung, starb Johann Heinrichs Partner Carl Gerling. Er war als Finanzier wichtig gewesen. Nach Gerlings Tod stellte sich heraus, dass die gemeinsame Firma eigentlich bankrott gewesen war. Du siehst, so einfach war es nicht!

Alice: *Echt? Wieso ist das erst aufgefallen, nachdem er gestorben war?*

Christian: Das weiß ich nicht. Die ersten fünf Gründungsjahre waren für meinen Urgroßvater also sehr schwierig und er musste ständig den Bankrott fürchten. Aber er gab nicht auf, durch eigene Erfindungen und Durchhaltevermögen kriegte er am Ende die Kurve zum Erfolg. Die wirtschaftliche Leitung übernahm von da an mein Großvater Bernhard. Er war ein Optimist und kümmerte sich um die Finanzen. Dazu hatte Bernhard nach Gerlings Tod bei einem Lübecker Kaufmann Buchführung erlernt. Die Schulden wurden abgebaut. Und so schaffte mein Urgroßvater es doch irgendwann sozusagen aufzusteigen. Später nannte man ihn immer ›self, der mademan‹.

Alice: *Ah ja, den Begriff habe ich letztens schon gehört. Es ist eine interessante Verdrehung von Selfmademan: Dem Mann, der sich aus bescheidenen Verhältnissen durch eigene Kraft und viel Arbeit hochgearbeitet hat.*

Christian: Ja. Jetzt weißt du also, was für Umwege Johann Heinrich gegangen ist, bevor dann 1889 das Drägerwerk gegründet wurde. Er hatte ebenfalls einen Bauchladen, hat einige Dinge gleichzeitig unternommen, war nicht sofort zielfokussiert und brauchte auch erst die negative Erfahrung, dass ihm eine Idee geklaut wurde.

Alice: *Geklaut? Aber du erzähltest doch, er habe auf alles ein Patent angemeldet.*

Christian: Eine Idee wurde ihm aber geklaut, bevor das Patentwesen so richtig etabliert war. Oder sie wurde ihm billig abgekauft. Er hatte als Verbesserung für die Singer-Nähmaschinen einen Knopfloch-Apparat erfunden. Ein Importeur hat die Erfindung genutzt, aber mein Urgroßvater hatte nichts davon. Nach dieser Erfahrung hat er dann alle Ideen rechtlich abgesichert. Und er hat vor allem auch eine Sache erkannt: Aus Misserfolgen kann man lernen! Er ist immer optimistisch geblieben und hat für das nächste Mal neue Strategien entwickelt. Er sagte immer: Fehler sind dafür da, klüger zu werden. Außerdem sah er ein, dass er selbst Fabrikant werden musste und Erfindungen brauchte, die einfach herzustellen waren. Denn am Anfang einer Firmengründung ist meist nicht genug Geld da, um große Aufwendungen zu finanzieren. Es müssen Ideen sein, die genügend Geld einbringen. Er wusste: Selbst ist der Mann! Und an dem Punkt stehst du jetzt: Selbst ist die Frau! Bleib optimistisch und versuche Produkte anzubieten, die nicht aufwendig herzustellen sind, aber genügend Geld einbringen!

Alice: *Selbst ist die Frau! Ja, da hast du vollkommen Recht! Ich muss etwas finden, was wirklich gebraucht wird! Ok, Christian, die Geschichte mit dem Bauchladen habe ich jetzt verstanden. Aber wie seid ihr von der Kohlensäure zum Sauerstoff gekommen? Denn Bier und Sauerstoff passen nicht so wirklich zusammen! Außer, dass wir beides zum Überleben brauchen! (Lacht) Als Bierdruckapparate-Hersteller wart ihr sozusagen in der Freizeit-Branche tätig.*

Christian: Nahrungsmittelbranche.

Alice: *Na ja, aber Bier ist jetzt nicht wirklich ein Nahrungsmittel, zumindest brauche ich es nicht, um zu überleben. Aber Sauerstoff brauche ich eindeutig zum Überleben. Insofern seid ihr von „Nice to have“ nach „Must-have“ gewechselt.*

Christian: Bernhard war der Meinung, viel interessanter als Kohlensäure wäre der

Sauerstoff. Mein Urgroßvater ließ sich letztendlich mitreißen, es gab aber noch lange Diskussionen. Der Sauerstoff-Markt war ja noch ganz jung und entwickelte sich erst so langsam um die Jahrhundertwende, zu der viele technische Neuerungen entstanden. Mein Großvater wusste, dass vor allem die Druckreduzierung, also der komprimierte Sauerstoff, eine Basistechnologie war, die für unterschiedlichste Produkte von der Löt- und Schweißtechnik bis hin zu Beatmungs- und Atemschutzgeräten verwendet werden konnte. So ertüchtigte er den Druckminderer für Sauerstoff. Damit konnte Bernhard es erreichen, dass Sauerstoff das zentrale Arbeitsgebiet der Firma wurde. Und der Bauchladen, den mein Urgroßvater sich anfangs aufgebaut hatte, kam ihm später zugute: Die Bierfass Automaten und das Lubeca-Ventil machten es finanziell erst möglich, dass sie in so viele technische Neuentwicklungen investieren konnten.

Alice: *Wie meinst du das?*

Christian: Den Gewinn, den sie aus dem Verkauf dieser „Anfangsgeräte" erhielten, konnten sie dann in die eigene Weiterentwicklung stecken. Dieser anfängliche Bauchladen, dass mein Urgroßvater häufig seinen Geschäftszweck änderte, hatte also seinen Sinn. Was dir im Moment noch fehlt, sind laufende Einnahmen. Du hast tolle Ideen, aber du bräuchtest feste Einnahmen, um die Ideen umsetzen zu können!

Alice: *Ja, das wäre gut zur Weiterentwicklung! Und vielleicht müsste ich da auch die Branche wechseln oder einen anderen Namen für mein Baby finden. In gewisser Weise ist „Coaching" ein Luxusgut. Man kauft es, wenn man genug Geld hat zur Persönlichkeitsentfaltung. Aber Persönlichkeitsentfaltung ist nichts, was jeder unbedingt braucht, kein „Must-have". Wann hörten sie denn auf, die Bierdruckapparate herzustellen?*

Christian: Ich glaube gänzlich eingestellt wurde der Vertrieb von Bierschankanlagen und dem Zubehör erst später. Ganz am Anfang lief das Geschäft mit dem Sauerstoff nicht direkt super an. Später sagte mein Urgroßvater Johann Heinrich, dass sie mit den Bierdruck-Apparaten noch starke Konkurrenzkämpfe hatten und der Sauerstoff sie aus diesen Kämpfen herausgerettet hat. Er war überzeugt, dass der Sauerstoff das Feld ist, wo sie Großes leisten konnten.

Möglichkeiten des Scheiterns

Christian: Wir hatten auch immer wieder nicht so tolle Jahre, etwa um 1900. In der Familie hieß es immer, es waren Jahre der Stagnation. Der Umsatz hielt sich zwar ungefähr, aber die Preise unserer Waren gingen langsam zurück. Rohmaterial wurde auch teurer.

Alice: *Ihr hattet also höhere Aufwandskosten, aber gleiche Einnahmen. Wie kam es, dass ihr nicht aufgegeben habt, sondern es weiterhin versucht habt?*

Christian: Das hatte nicht die Dimension. Es ging ja weiter. Der Sauerstoffbereich steckte noch in den Kinderschuhen. Hier haben wir einfach durchgehalten, bis sich die Produkte durchgesetzt hatten.

Alice: *Ja, manchmal braucht man Durchhaltevermögen! Und was habt ihr dann entwickelt in Bezug auf den Sauerstoff? War es nur Medizintechnik, also Sauerstoff für kranke Menschen, die selbst nicht mehr atmen können, wie jetzt die Corona-Kranken auf den Intensiv-Stationen?*

Christian: Nein, auch die Sicherheitstechnik gehört dazu, etwa im Rettungsdienst. Es war vor allem die Sicherheitstechnik für den Bergbau, die uns berühmt gemacht hat. Und 1912 entwickelten wir den ersten frei tragbaren Tauchapparat.

Alice: *Wie, in der Tauchtechnik seid ihr auch unterwegs?*

Christian: Die gehört dazu. Und bis 2003 waren wir auch in der Luft- und Raumfahrttechnik.

Alice: *Ach, echt? Und warum nur bis 2003 und jetzt nicht mehr?*

Christian: 2003 haben wir den Bereich verkauft. Begonnen hat die Luftfahrttechnik im Jahr 1912. Da haben wir einen ersten Höhenatmer für Ballonflüge hergestellt. Und aufgrund unserer Apparate hat es der Schweizer Physiker Auguste Piccard 1914 geschafft, mit so einem Ballon 15.781 Meter hochzukommen. Und auch die Tiefen des Meeres konnten erst mit Dräger Equipment erforscht werden. Jacques, der Sohn von Auguste Piccard, tauchte mit seiner „Trieste" bei Japan auf den tiefsten Grund des Meeres, fast 11.000 m tief.

Alice: *Wirklich unglaublich, wo ihr alles Pionierarbeit geleistet habt!*

Christian: Verstehst du denn, worauf ich hinaus will zum Thema Scheitern?

Alice: *Ja, ich glaube schon. Du meinst, ihr seid auch nicht nur in einem Gebiet Spezialisten, sondern in mehreren?*

 Christian: Ja, es gilt das richtige Maß zu finden: Die Leute müssen ganz klar wissen, was du anbietest. Sie müssen es sich merken können. Es muss also alles mit einem Thema verbunden werden können. Bei uns ist das große Oberthema „Technik für das Leben". Wir haben uns spezialisiert auf die Technik, die fürs Überleben notwendig ist. Sei es unter Wasser, in der Höhe, für Frühgeborene oder für Kranke. Der Mensch steht für uns im Mittelpunkt und wir helfen dabei, dass der Mensch auch dann Sauerstoff bekommt, wenn er Gefahr läuft, ihn nicht mehr zu bekommen. Wichtig war es auch, nicht nur Produkte zu verkaufen, sondern Dienstleistungen und damit den Kundennutzen zu erhöhen. Und wie schon gesagt, nicht nur ein Produkt und eine Zielgruppe anzusprechen. Achte immer darauf, mehrere Standbeine zu haben!

Alice: *Ja, aber das klingt alles nach sehr viel Erfolg. Wann war es aber für Euch wieder schwierig?*

Christian: Gerade mit unseren ausländischen Tochterfirmen war es während und auch nach den Weltkriegen nicht leicht. Vor allem auch wenn es um Patente ging.

Alice: *Ach, ihr hattet schon vor dem Ersten Weltkrieg Tochterfirmen in anderen Ländern?*

Christian: Ja, 1907 „Draeger Oxygen Apparatus Company" in den USA. Alles lief gut, dann kam der Erste Weltkrieg. Es kam zu Problemen in der Materialversorgung, die Tochterfirma war ja abhängig von unseren deutschen Produkten. Deshalb haben sie ihre Produkte dann selbst hergestellt. Da war natürlich die Gefahr, dass die Tochterfirma sich von uns abspalten würde.

Alice: *Gab es denn Regionen, wo die Konkurrenz eure Stellung übernahm?*

Christian: Ja, natürlich! In manchen Regionen der USA geschah das und wir verloren dort unseren Stand. Unsere englischen Konkurrenten hatten dann das ganze Feld für die kommenden Jahre für sich. Als die USA in den Krieg eintrat, wurde es noch schwieriger. Wir haben alles verloren in den USA, auch die Patente. Es dauerte lange, bis wir nach dem Krieg wieder einen Fuß auf dem Markt dort bekamen.

Alice: *Tochterfirmen in anderen Ländern. (schüttelt den Kopf) Daran kann ich zurzeit noch überhaupt nicht denken. Und Patente habe ich auch keine! (Lacht)*

Christian: Wir hatten bereits eine ganze Reihe an Innovationen, auf die wir Patente angemeldet hatten. Die Verteidigung der Schutzrechte war aber ein teures Unterfangen. Ob du es glauben willst oder nicht: In einem kurzen Zeitraum mussten wir mehr als 31.000 Mark für die Verteidigung an Gebühren bezahlen.

Alice: *Ich glaube es dir. (Lacht)*

Christian: Ein Problem war auch, dass sich andere Erfinder unsere Apparate zum Vorbild genommen und sie nachgebaut haben. Ich sag bei so was immer: Indirekt ist es ja ein Kompliment! Sie würden die Apparate nicht nachahmen, wenn sie nicht gut wären! Ich kann dir auch einen konkreten Fall erzählen: Ein ehemaliger Mitarbeiter von uns stellte, nachdem er uns verlassen hatte, selbst einen neuen Apparat bei unseren Kunden vor. Also sogar ehemalige Mitarbeiter können zu Konkurrenten werden! Das sind alles Schwierigkeiten, die uns teilweise an den Rand des Scheiterns gebracht haben, auch nachdem wir etabliert waren. Die einzelnen Probleme mögen für sich nicht so schwer wiegen, aber in der Summe können sie durchaus ein großes Unternehmen in Gefahr bringen.

Nochmal einiges zu Krisen

Alice: *Wenn ich so über Erfolg und Scheitern nachdenke ... liegen die beiden doch nah beieinander. Ich habe vor deinem Uropa großen Respekt. Im Endeffekt hat er ja die Grundsteine für das Unternehmen gelegt und somit Einfluss auf die gesamte Entwicklung der Rettungsgeräte genommen! Chapeau, wie der Franzose sagt. Und vor allem, dass er nicht nur gute Ideen hatte, sondern diese auch zu vermarkten wusste. Wie viele erfindende Personen sind schon arm gestorben, weil sie eben Erfindende geblieben sind, aber meist keine Verkaufenden. Oder wie ich es gegenüber Arbeitgebern immer sage: Intelligente Menschen sind zwar schlau, das heißt aber noch lange nicht, dass sie sich gut präsentieren und verkaufen können.*

Christian: Ja, mein Urgroßvater hatte keine Angst zu scheitern. Wenn Du die hast, kannst du auch nicht erfolgreich sein. Erfolg zu haben, heißt immer wieder scheitern und aufstehen.

Alice: *Aber jetzt sind wir wieder in die Erfolgsgeschichten abgeschweift. Kannst Du noch etwas von schwierigen Zeiten berichten. Davon kann man mehr lernen.*

Christian: Nach dem Ersten Weltkrieg kam ja später noch die Weltwirtschaftskrise, die man nicht vergessen darf. Wir mussten den Betrieb zwischen 1919 und 1926 dreimal stilllegen. Teilweise mussten wir auf die Produktion von Ersatzgütern wie Wäsche, Kleidung oder Gardinen umstellen. Ab 1924 konnten wir unseren Absatz wieder stabilisieren. Aber auch 1928 hatten wir erst wieder 300 Mitarbeiter beschäftigt.

Alice: *1928 starb dein Opa Bernhard und 1929 kam die Weltwirtschaftskrise. Ich glaube, dein Vater war damals etwa dreißig, als er ins kalte Wasser geworfen wurde und das Unternehmen leiten musste, nicht wahr? Puh! Er war damals vier Jahre jünger als ich!*

Christian: Ja. Gerade für meinen Vater muss das ein zentrales Erlebnis gewesen sein. Er wusste teilweise nicht, wie er am Monatsende die Löhne bezahlen sollte. Das Ganze wiederholte sich noch einmal nach der Währungsreform 1948, als die wertlose „Reichsmark“ durch die neu geschaffene „Deutsche Mark“ ersetzt wurde, um eine funktionierende Marktwirtschaft aufzubauen. Für meinen Vater gab es dann glücklicherweise wieder mehr Aufträge aus dem Bergbau. Aber selbst mit den Aufträgen fiel es ihm schwer, die Löhne zu bezahlen. Der Bergbau wurde wieder intensiviert, und da brauchte man auch das Rettungswesen, das auf den neuesten Stand gebracht werden musste. Außerdem brach in der Nachkriegszeit weltweit eine schwere Polio-Epidemie aus. Viele Patienten mussten über lange Zeit ständig beatmet werden, ähnlich wie es jetzt mit Corona der Fall war. Unsere ›Eiserne Lunge‹ ist eines der ersten Geräte gewesen, mit denen wir wieder in die Entwicklung ziviler Technologie einsteigen konnten. Mit ihr konnte die Überlebensrate bei Atemlähmungen während einer Polioerkrankung deutlich erhöht werden.

Alice: *Hast du nicht erzählt, selbst auch diese Kinderlähmung, Polio, gehabt zu haben? Wie alt warst du damals?*

Christian: Ich war acht und ich bin fast daran gestorben. Bei mir war es aber nicht in der Lunge. Die Ärzte hatten mich schon aufgegeben und meine Großmutter Elfriede war zu Besuch gekommen, um mich zu verabschieden und um meiner Mutter Geld für die Beerdigung zu geben.

Alice: *Was? Das ist ja echt makaber! Und heute? Hast du Schäden zurückbehalten, wie ich mit dem halben Gesichtsfeldausfall?*

Christian: (runzelt die Stirn) Ne, nur das hier. Ich kann nur noch die halbe Stirn runzeln und nur die rechte Augenbraue hochziehen.

Alice: *(Lacht) Du bist also ein echter Kämpfer! Vielleicht hat dich dein Leben doch zum Unternehmer gemacht. Denn wenn alle dich bereits fast für tot erklärt haben, musst du einen starken Überlebenswillen gehabt haben.*

Christian: Vielleicht.

Draegerman in Amerika

Alice: *Amerika war einer eurer Hauptabnehmer, oder? Der Begriff „Draegerman" ist ja, soweit ich weiß, durch eure Aktivitäten in Amerika entstanden. Ich habe eine Draegerman-Szene sozusagen indirekt in unser Theaterstück eingebaut, als Dank für eure Unterstützung.*

Christian: Ja, sicherlich hat dieses Phänomen mit unserem Erfolg in Amerika zu tun. Ich bewunderte meinen Großvater Bernhard dafür, dass er schon so früh den Mut hatte, in Amerika eine Tochtergesellschaft zu gründen. Ihm ist das zu verdanken,

dass heute noch die Mitarbeiter der amerikanischen Grubenwehren, also die Feuerwehrmänner des Bergbaus, „Draegermen" genannt werden. Deshalb freute ich mich, als ich in das Drägerwerk einstieg, selbst nach Amerika zu reisen und diese „Draegermen" kennenzulernen.

Alice: *Bevor ich deinen Sohn und eure Stiftung kennengelernt hab, hatte ich noch nie davon gehört. Anscheinend ist dieser Begriff in Amerika sogar so berühmt, dass 1938 in einem Superman-Comic ein Draegerman vorkommt, habe ich im Internet gelesen. Und in Amerika weiß kaum jemand, dass der Ursprung des Draegerman in Norddeutschland liegt.*

Christian: Die Draegermen sind sehr bekannt in Amerika, wir als Unternehmen aber nicht. Der Name Dräger war dort ein Synonym für „Rettung". Übrigens: Einmal las ich eine Geschichte von einem Draegerman, die mich sehr berührte. Warte mal, ich glaube, ich habe sogar eine Kopie davon hier in meinem Bücherregal, um dir mal verständlich zu machen, wie gefährlich der Beruf der Grubenwehr ist, aber auch was ihnen die Dräger-Masken alles ermöglicht haben.

Alice: *Kannst du mir etwas davon erzählen?*

Christian: Ja, Moment, hier ist sie! Also ein Amerikaner schreibt hier über seine Erfahrungen als Draegerman: „Ich war 17, als ich meinem Vater folgte und zur Grubenwehr ging. Ich ging direkt nach der Schulzeit und folgte unserer Familientradition, denn mein Großvater war auch schon bei der Grubenwehr gewesen." Wenn der junge Draegerman auf seinen Job angesprochen wurde, sagte er immer:

„Kohlebergbau ist kein Job! Kohlenbergbau ist eine Lebenseinstellung: Die Menschen, die Kameradschaft, man muss es erleben, um es besser zu verstehen."

Alice: *Wow, das ist wohl wirklich eine Berufung, so wie das Schriftsteller-Dasein.*

Christian: Ja, so lese ich dir weiter vor: „Einmal pro Woche gab es Training – zusätzlich zum Schichtdienst. Mehrmals im Jahr nahm unser Sechs-Mann-Team an Wettbewerben teil, unter anderem auch an dem großen Draegermen Wettkampf, der alle zwei Jahre in Ohio stattfindet." Diese Wettkämpfe sind dafür da, dass die Leute auf den Ernstfall vorbereitet werden. Er schreibt weiter: „In den Wettkämpfen wurde alles imitiert, es gab große Container, wo Flammen aus einer Ecke auf uns schossen, es gab enge Gänge, in denen wir langkrabbeln und unendlich hohe Leitern, die wir hochklettern mussten. Schon das war unglaublich anstrengend ..." Alle Teilnehmer sind sehr ehrgeizig. Obwohl diese Wettkämpfe sehr hart sind, sind sie natürlich nicht mit einer wirklichen Situation zu vergleichen.

Alice: *Ja, das kann ich mir vorstellen.*

Christian: So schreibt der junge Draegerman: „Ich erlebte den Ernstfall erst in meinem achten Jahr, nachdem ich schon drei Mal an den großen Wettkämpfen in Ohio teilgenommen hatte. Andere Kollegen aus unserem Team waren bereits bei Einsätzen gewesen, aber bei nicht so spektakulären. Meist waren sie gerufen worden, um die Gruben wieder funktionsfähig zu machen: Feuer löschen, Decken und Pfeiler stabilisieren, Schächte belüften oder um giftiges Gas durch gute Luft zu ersetzen. In unserem Fall jedoch gab es damals auch Vermisste. Im Gegensatz zur Feuerwehr über der Erde haben wir da unten nur einen Ausweg – den Weg zurück. Wenn der Weg verschüttet wird, bist du verloren! Da unten sind wir umgeben von brennbarer Kohle, und von toxischer Luft."

Alice: *Das hört sich ja jetzt schon an wie ein Actionfilm. Der Vater meiner deutschen Oma hat auch im Bergbau gearbeitet und ist recht früh an der Bergbau-Lunge gestorben. Die Luft dort unten war wirklich nicht die Beste!*

Christian: Ja, du hast Recht, ich war auch einmal unten in so einem Schacht. Aber ich lese mal weiter: „Mit diesem Gedanken im Hinterkopf, mit dieser schweren, feuerfesten Kleidung am Körper und 15 Kilo Ausrüstung auf dem Rücken war die Aufgabe dreimal so schwer. Mir gingen wieder die Worte meines Ausbilders durch den Kopf: Man muss ein starkes Bedürfnis haben, anderen zu helfen und bereit sein, sein eigenes Leben für das von anderen einzusetzen. Wenn du das nicht hast, dann bist du kein Draegerman!'"

Alice: *Das ist schon sehr beeindruckend.*

Christian: Ja. Weiter wird berichtet: „Wir stiegen in den Grubenwagen, um uns 500 Meter in die Tiefe rollen zu lassen. Von dort aus waren es noch 5 Kilometer in den Berg hinein. Mit jedem Kilometer hatte ich das Gefühl, wurden die Schächte enger und enger. Irgendwann konnten wir nur noch auf Knien gehen oder sogar im Entengang, denn der Gang war nur noch einen Meter hoch."

Alice: *Unglaublich, was das für Bedingungen waren. Und sie mussten die Ruhe bewahren ...*

Christian: Das stimmt. Das war sehr wichtig. Der Mann erzählt später von der drastischen Situation, als er dann unten in der Grube ist. Ein Kamerad war schwer verletzt und hatte im Moment der Panik wohl das Gefühl, trotz der Maske keine Luft mehr zu bekommen: „Ich beugte mich zu ihm herab, als ich noch im letzten Augenblick sah, wie er gerade dabei war, sich seine Maske vom Gesicht zu reißen. Im letzten Moment konnte ich ihn davon abhalten. Ich wusste von den toxischen Gasen hier und ich wusste, dass er ohne Maske nicht überleben würde. Zwei Sekunden schaute ich ihm tief in die Augen und sagte: „Vertrau mir, ich helfe dir jetzt!"

Alice: *Ich kann mir gut vorstellen, dass es ein menschlicher Reflex ist. Man will die Maske abziehen, um vermeintlich besser atmen zu können, dabei ist das genau das Falsche.*

Christian: Ja, das stimmt. Er erzählt dann weiter, dass er ihm einen Verband anlegte und plötzlich vom Ende des Tunnels eine riesige Flamme auf sie zu rollte. Zusammen mit dem verletzten Kameraden versuchte er dem Feuer zu entkommen, er schreibt: „Die Flamme kam näher und näher, die beiden Kameraden hinter mir sah ich nicht mehr. Vielleicht hatten die Flammen sie bereits gefressen. Was für ein Horror sich das vorzustellen. Ich traute mich schon fast nicht mehr, den Kopf zu drehen, als ich den größeren Schacht sah. Bis dahin mussten wir noch kommen!"

Alice: *Das muss schrecklich gewesen sein!*

Christian: „Die Flamme war bereits direkt hinter uns, ich spürte die Hitze in meinem Rücken, als wir ihn erreichten. Innerhalb von Sekunden überflogen meine Augen den Raum und erblickten eine Kuhle links im Gang. Ich schmiss meinen Kameraden dort hinein und kauerte mich über ihn, ganz unten auf den Boden. Eine Riesenhitze rollte über uns. Ich stieß ein Notgebet gen Himmel. Ich erinnere mich, wie Bilder in Sekundenschnelle durch mein inneres Auge flogen. Ich akzeptierte, dass ich jetzt sterben muss. Dann kamen irgendwann keine Bilder mehr und ich erinnere mich an nichts mehr. Ich weiß nur noch, wie es war, als ich wieder aufwachte. Kameraden standen über mir und schrien mich an, ruckelten an meinem Leib. Ich lag auf einer Liege unter dem blauen Himmel. Ich kann nicht beschreiben, was für ein unglaubliches Glücksgefühl mich durchflutete. Ich war am Leben! Seit diesem Tag bin ich wieder gläubig und gehe wieder regelmäßig zur Kirche. Seit diesem Tag weiß ich, dass es ihn da oben gibt, der mich gerettet hat. Drei unserer Kameraden überlebten die Situation nicht. Und insgesamt kamen bei diesem Unglück zwanzig Menschen ums Leben. Von den Verschütteten konnten wir niemanden mehr retten. Unser Einsatz war so gesehen umsonst gewesen, stattdessen hatten wir drei unserer Draegemen verloren. Das machte mich unglaublich traurig und irgendwie auch wütend. Mein Ausbilder hatte damals gesagt: „Nicht jeder, der es möchte, ist für die Grubenwehr gemacht. Erst im Ernstfall zeigt sich, wer dem Druck standhalten kann." Jetzt wusste ich, was er damit gemeint hatte. Erst seit diesem Erlebnis weiß ich wirklich, was es bedeutet, ein Draegerman zu sein!"

Alice: *Oh man, ich kann mir das wirklich gut vorstellen, wie es diesem Mann gegangen sein muss. Ich glaube, nach so einer Erfahrung könnte ich meinem Beruf auch nicht mehr nachgehen. Egal wie gut die Sauerstoffgeräte von euch sind, ich hätte es da unten schon allein durch meine Raumangst nicht ausgehalten. Ich kann es gut nachempfinden, dass der Draegerman nun wieder gläubig wurde. Auch mir ging es nach dem Schlaganfall so, dass ich das Leben plötzlich anders sah und neu schätzen lernte.*

Technik für das Leben

Christian: Wie kamen wir jetzt eigentlich auf den Draegerman?

Alice: *Du hattest von eurer Gründung in Amerika erzählt und den Konkurrenzkämpfen.*

Christian: Ach ja, stimmt.

Alice: *Dadurch, dass ihr „Technik fürs Leben" baut, habt ihr immer Vorteile in den Zeiten, in denen Menschen um ihr Leben kämpfen müssen. So makaber das auch klingt, aber für euer Geschäft ist Notstand der Gesundheit immer gut.*

Christian: Auch der Feuerwehrmann verdient daran, wenn es brennt! Und der Arzt, wenn jemand krank ist. Deshalb kannst du es aber nicht Gewinnmaximierung auf Kosten anderer nennen!

Alice: *Ja, da hast du recht.*

Christian: Und es ist auch so, dass gerade Krisen erfinderisch machen und uns zeigen, was der Mensch WIRKLICH braucht. Die Entwicklung unserer Produkte in Frankreich war auch verblüffend und stellt ein gutes Beispiel dar: nach dem Unglück in Courrières 1906 und der Hilfe meines Großvaters vor Ort ...

Alice: *Was war das denn für ein Unglück?*

Christian: Ein großes Grubenunglück bei dem mehr als 1000 Bergleute starben. Meinen Großvater beschäftigte dieses Unglück so sehr, dass er selbst nach Frankreich reiste, um sich ein Bild von den Arbeitsbedingungen zu machen. Er wollte die Atemschutzgeräte sicherer machen. Danach wurde wesentlich mehr auf Arbeitssicherheit geachtet und auch Maßnahmen dazu ergriffen. So kam es zu einer großen Verbreitung unserer Geräte in Frankreich, etwa bei der Pariser Feuerwehr.

Alice: *Ach, interessant! Mein französischer Uropa, also der Vater meiner Oma Lynne Loisel, war Feuerwehrmann in Reims. Vielleicht hat er auch Dräger Atemschutzgeräte getragen. Lustige Vorstellung! Ich habe ihn leider nie kennengelernt.*

Christian: Nicht verwunderlich, er war ja auch dein Urgroßvater! Ich habe weder meinen Urgroßvater Johann Heinrich noch meinen Großvater Bernhard kennengelernt. Heinrich starb 1917 kurz bevor er 70 wurde und Bernhard starb 1928, also mit 57 Jahren.

Alice: *Ja, du hast recht. Ehrlich gesagt bin ich überrascht. Ich wusste gar nicht, wie groß euer Einfluss damals war in Bezug auf die Empfehlungen zur Wiederbelebung verunglückter Personen im Bergbau und auf die Rettungstechnik. Bisher habe ich mit euch nur Medizintechnik verknüpft und in diesem Bereich habe ich ja jetzt durch Corona genügend Produktbeispiele gesehen. Ich sag mal so, meine Arbeit hat auch schon so einige Leben gerettet. Nur auf eine andere Art und Weise. Denn wenn man von seinen Talenten nichts weiß, sondern nur merkt, dass man anders ist und vielleicht dann sogar das Gefühl bekommt, man wäre falsch ... endet das auch mal in Autoaggressionen oder sogar Selbstmordgedanken. Aber in diesem Falle gehen die Leute dann eher in die Psychiatrie, zum Psychiater, aber nicht zu einem Coach. Weil Coach sich mehr nach „Spaß", aber nichts wirklich Dringendem anhört.*

Christian: Ja, ich glaube, das, was du weißt, ist sehr wertvoll und du kannst damit sicherlich Leben retten, aber um davon wirklich leben zu können, musst du deinen Kunden auch zeigen, wie dringend und wichtig deine Arbeit ist.

Alice: *Da hast du recht; Bekanntheit ist wichtig, aber noch wichtiger ist es, dem Kunden auch die Notwendigkeit und den Mehrwert seiner Produkte zu zeigen. Dräger ist in Fachkreisen jedem ein Begriff und seit der Corona-Pandemie jetzt auch vielen anderen. Als Laie hatte ich aber von euch vor der Pandemie und bevor ich nach Lübeck kam, nie etwas gehört. Als ich letztens meine Tante in meiner alten Heimat bei Düsseldorf im Krankenhaus besuchte, war dort ein Kasten in die Wand eingebaut mit eurem Logo drauf. Erst seitdem ich euch durch das Theaterstück persönlich kenne, nehme ich das wahr.*

Christian: Mag sein, dass wir noch mehr für die Verbreitung unserer Marke tun müssen oder können. Aber als Person möchte ich lieber im Hintergrund bleiben. Das war auch der Grund, warum ich bisher an Büchern nur unter Pseudonym mitgeschrieben habe, was ich ja anfangs auch mit diesem Buch wollte. (grinst)

Lektion I: Scheitern gehört mit zum Erfolg

Beharrlichkeit

Christian: Glaub mir, du bist wirklich nicht die Einzige, die gute Ideen, aber eben auch Schwierigkeiten hat, die richtigen Kunden und den richtigen Markt dafür zu finden. Wichtig ist, dass du rechtzeitig vom toten Pferd springst, wenn du wirklich merkst, es hat keinen Sinn mehr. Wenn du aber spürst, dass es Zukunft hat, dann bleib dran und gib nicht auf!

Alice: *Manchmal ist es sehr schwierig, die dünne Linie zu erkennen zwischen „Diese Sache hat keinen Markt" oder „Sie hat einen Markt, aber die Idee ist noch nicht bekannt genug, man muss dranbleiben." Mittlerweile bin ich an dem Punkt angelangt, wo ich weiß, was ich noch alles verbessern KÖNNTE. Aber ich spüre gleichzeitig, dass ich einfach nicht mehr kann. Ich habe keine Energie mehr, neue Ideen umzusetzen und erneut andere Wege zu versuchen.*

Christian: Weißt du Alice, es gibt einen schönen Spruch von dem Geschäftsmann und Autor Robert Kiyosaki „Gewinner haben keine Angst vor dem Verlieren. Verlierer schon. Misserfolge sind Teil des Erfolgsprozesses. Wer Misserfolge vermeidet, vermeidet den Erfolg." Du solltest dich fragen, ob du bereit bist für Erfolg? Ob du dich traust, erfolgreich zu sein?

Alice: *Ja, genau das habe ich mich letztens gefragt. Bei einem Projekt hatte ich die Erfahrung gemacht, dass Menschen meine Arbeit in Frage stellten. Also bin ich in mich gegangen und habe mich gefragt, warum mir da wieder solche Neider im Weg stehen. Und durch das Gespräch mit Freunden bin ich mir meiner Ängste bewusst geworden: Angst vor Erfolg. Angst vor dem Scheitern. Angst, von anderen beneidet und dann von ihnen ausgegrenzt zu werden.*

Christian: Und woher kamen diese Ängste?

Alice: *Ich habe schnell gemerkt, dass das keine neuen Ängste sind. Ich hatte immer schon Angst vor meinen Mitbewerbern. Bereits als Kind hatte ich viele Neider, weil ich schnell Dinge verstand. Ich brauchte nicht viel zu lernen, brauchte häufig nur einmal zuzuschauen und schon konnte ich es. Das führte dazu, dass viele mich als „Streber" beschimpften oder eine Klassenkameradin mich im Handwerksunterricht sogar beklaute, sodass ich wieder von vorne beginnen musste mit der Arbeit. Diese Erfahrungen führten irgendwann dazu, dass ich mich anpasste, dass ich mit Absicht Schulaufgaben später als andere abgab. Ich meldete mich nicht mehr, wenn ich etwas wusste. Ich versuchte, nicht mehr aufzufallen. Und wahrscheinlich ist es jetzt immer noch so, obwohl ich das Gegenteil propagiere. Auf der einen Seite möchte ich durchstarten mit meiner Idee. Doch habe ich immer noch Angst und versuche wahrscheinlich immer noch unbewusst, nicht aufzufallen. Mittlerweile habe ich mich bei Freunden auch verschuldet, um mich irgendwie über Wasser halten zu können.*

Christian: Denkst du, das ist der einzige Grund?

Alice: *Nein, mir fiel auf, dass diese Angst vor dem Erfolg auch mit meiner Familiengeschichte zu tun haben könnte, mit dem Scheitern meines Großvaters. Denn Ängste und Traumata können weitergegeben werden.*

Christian: Ja, gerne, das ist ein interessanter Gedanke. Und wie war das für dich, bei Freunden Geld borgen zu müssen?

Alice: *Nicht schön. Es kamen viele Ängste auf, auch Existenzängste. Manchmal weinte ich den ganzen Abend nur, weil ich meine Vision nicht aufgeben wollte, weil es mir so wichtig war, Menschen in ihrem Anderssein zu unterstützen.*

Christian: Hast du dir dann einen festen Job gesucht?

Alice: *Nee, so einfach war das nicht. Ich hatte so viel Zeit und Energie in diese Vision gesteckt, ich war am Anfang mit so viel Enthusiasmus gestartet und jetzt bekam ich das klare Resultat: Dies alles war umsonst gewesen! Als ich dann diese starken Existenzängste spürte, war es, als ob ich in meine Kindheit zurückversetzt wurde.*

Christian: Warum? Hattest du in der Kindheit Existenzängste?

Alice: *Ja, ganz häufig. Ich wusste ja nie, was mit meiner Mutter passieren würde. Sie redete oft von Selbstmord und dass ihr Leben keinen Sinn mehr hätte. Ich fühlte mich sehr allein mit ihr und ihren Problemen. Ich hatte das Gefühl, sie retten zu müssen, was ich aber nicht konnte.*

Christian: Dieses Leid und diese Existenzängste haben dir aber auch beigebracht, zu kämpfen und nicht aufzugeben. Dazu hat Kiyosaki auch ein schönes Zitat: „Du bist nur arm, wenn du aufgibst. Das Allerwichtigste ist, dass du etwas gemacht hast. Die meisten Leute reden und träumen einfach nur über Erfolg. Es ist aber wichtig, dass du etwas machst." Und wenn es danach geht, warst du schon sehr erfolgreich. Kaum ein Selbständiger schafft es gleich zu so vielen Talkshows und Interviews in Radio und Fernsehen.

Alice: *Ja, da war ich schon erfolgreich, das stimmt, aber nicht reich!*

Christian: Du bist deinen eigenen Weg gegangen! Du hast deine Ideen umgesetzt! Das trauen sich ganz viele Menschen nicht. Was hindert dich daran, jetzt wieder aufzustehen und es erneut zu versuchen?

Alice: *Ja, du hast recht, Christian. Deine Worte machen mir wieder Mut.*

Christian: Und wenn du an deine damalige Begeisterung zurückdenkst, an all die Themen, für die du so gebrannt hast. Gibt dir das keine neue Energie, um wieder aufzustehen?

Alice: *Ich werde mein Bestes geben.*

Christian: Mir wurde erzählt, dass mein Großvater später häufig sagte, er sei dankbar, die Armut kennengelernt zu haben, denn sie hätte ihn sehend gemacht. Und wusstest du übrigens, dass viele erfolgreiche Firmengründer in Lübeck, die zur Industrialisierung beitrugen, aus bescheidenen Verhältnissen kamen und eben nicht aus dem Lübecker Handelsbürgertum? Wie zum Beispiel auch die Schiffswerft von Henry Koch AG. Henry Koch war Seemann gewesen und durch eine australische Goldmine zu Reichtum gelangt.

Alice: *Nein, das wusste ich nicht.*

Christian: Beharrlichkeit ist also wichtig. Du hast vorhin mal erwähnt, dass du manchmal keine klare Fokussierung hast und chaotisch bist. Dazu gibt es einen schönen Spruch von Nietzsche „Man muss noch Chaos in sich haben, um einen tanzenden Stern gebären zu können." Vielleicht brauchst du jemanden an deiner Seite, der Ordnung bringt. Nicht alles können wir alleine schaffen.

Alice: *Ja, deshalb hatte ich damals eine Mitarbeiterin für das Backoffice eingestellt. Das hat aber leider nicht so funktioniert wie erhofft.*

Christian: Lass uns doch diesen Gedanken nochmal ausbauen, wie es wäre, wenn du Mitarbeitende hättest, die das machen, was du nicht kannst.

Alice: *Das kann ich mir derzeit nicht leisten! Erstmal muss ich das alleine schaffen!*

Christian: Sind das vielleicht noch Gedanken aus deiner Kindheit, weil du damals alles alleine schaffen musstest, mit deiner Mutter? Jetzt bist du nicht mehr allein und du brauchst auch nichts alleine schaffen! Gehen wir davon aus, du könntest dir Mitarbeitende leisten und du bist auch bereit, Hilfe anzunehmen.

Alice: *Ok, dann versuche ich mich auf das Gedankenexperiment einzulassen: Ich glaube, dass ich für den Vertrieb, für die Werbung, für die Kundenakquise viele Fähigkeiten habe. Ich bin extrovertiert und kann gut auf Menschen zugehen und Menschen für etwas begeistern. Im Backoffice, also die Organisation auf Dauer, auf langfristige Kundenbindung, das ist nicht mein Talent. Wenn ich jemanden einstelle, könnte ich mich sicherlich besser auf das Coaching fokussieren. Ich würde mich nicht in so vielen Projekten verrennen, sondern mich auf eine Tätigkeit konzentrieren können.*

Christian: Das hört sich doch schon sehr nach Erfolg an. Eigentlich weißt du doch sehr gut, wo deine Stärken liegen. Wenn du die Angst vor dem Scheitern loslässt, wirst du auch dir selbst wieder mehr zutrauen.

Alice: *Zum Scheitern fällt mir übrigens noch ein: Ich las letztens über Sara Blakely, die Gründerin des amerikanischen Unterwäscheherstellers Spanx, dass sie als Kind gegenüber ihrem Vater immer mindestens eine Sache am Abend nennen musste, woran sie gescheitert ist. Diese Offenheit zum Scheitern hat ihr später viele Türen eröffnet. Mitt-*

lerweile ist sie Milliardärin! Und Philipp Muuß aus meinem Gründerstammtisch hier in Lübeck, hat vor Kurzem einen Podcast mit der Britin Anne Koark, der Autorin von „Zurück auf Start – Mein neues Leben nach der Insolvenz", gemacht. Ich bewundere, wie offen diese Frau über ihr Scheitern spricht und auch viel Positives daraus mitnimmt. Sie dachte erst, dass die folgenden sechs Jahre nach der Insolvenzanmeldung unbezwingbar wären. Doch als sie kamen, wurde alles ganz anders, als sie erwartet hat. Sie konnte in dieser Zeit sehr viel lernen über sich selbst, das Leben und über die Gesellschaft, in der sie lebt. Und sie sagt: „In unserer Gesellschaft scheinen wir darauf geeicht zu sein, alles auf Erfolg oder Sieg zu setzen. Verlieren heißt versagen."
Manchmal habe ich das Gefühl, dass vor allem in Deutschland nicht darüber gesprochen wird. Ich habe hier für unser Buch Menschen gefragt, die eine Insolvenz mit ihrem Unternehmen erlebt haben, ob ich ihre Geschichte mit nennen darf. Sie wollten alle nicht darüber sprechen. Als ob es eine Schmach ist, gescheitert zu sein. Den wenigen, die doch über ihr Scheitern gesprochen haben, bin ich sehr dankbar. Ich kann immer wieder viel aus ihren Fehlern lernen, ohne sie selbst machen zu müssen.

Christian: Viele großartige Unternehmer sind einmal gescheitert, bevor sie erfolgreich wurden. Auch Walt Disney brauchte sehr lange, bis er endlich erfolgreich war.

Alice: *Wie lange brauchte er denn?*

Christian: Um die 10 Jahre. Er begann mit einer Anstellung als Zeitungsredakteur. Doch da bekam er schon bald wieder die Kündigung. Die Begründung war mangelnde Kreativität. Seine Idee, den Tieren menschlichere Züge zu geben, stieß überall auf Ablehnung. Er fand nirgends einen Investor. Als Trickfilmmacher stand er kurz vor dem Scheitern, sein Geschäft lief nicht gut. Aber er gab nicht auf. 1920 folgte ein neuer Versuch und Walt Disney machte sich mit seinem eigenen Zeichenstudio selbständig. Der Grundstock: ein Budget in Höhe von 250 USD. Erst Jahre später gelang ihm dann mit seiner berühmten Figur Mickey Mouse der Durchbruch.

In Kürze:

Steige ab, wenn du merkst, dass du auf einem toten Pferd reitest.
Kämpfe weiter, wenn du in deiner Idee eine Zukunft siehst.

Lege auch mal eine Pause ein, wenn dir die Kraft zum Kämpfen fehlt.

Werde dir deiner Ängste und ihrer Ursachen bewusst und lasse sie los.

Lerne zu dir selbst zu stehen, mit dieser Kraft kannst du Dinge bewegen.

Bring Ordnung in deine Ideen und deine Umsetzungen, aber lasse auch das kreative Chaos zu, welches es braucht, um wirklich Großes zu schaffen!

Sei geduldig mit dir selbst! Werde dir deiner wahren Stärken bewusst!

Sei dir deiner Macht bewusst, die du durch Wissen, Intuition und Erfahrung erlangt hast! Hole dir Hilfe, wenn nötig.

Erfolg

Christian: Jetzt haben wir schon viele Themen besprochen. Doch noch nicht, was Erfolg eigentlich ist.

Alice: *Ja, du hast recht. Erfolg ist ja immer individuell. Für mich bedeutet es, meine gesetzten Ziele auch zu erreichen.*

Christian: Ja, und wichtig ist dabei auch immer wieder zu schauen: Was hast du bereits geschafft?

Alice: *Im Personal Branding soll ich gut sein. Eine Bekannte meinte letztens, ich sei doch super erfolgreich mit all den Beiträgen, die sie ständig in den sozialen Medien liest über mich. In der persönlichen Markenbildung bin ich also gut. Aber als sie es mir sagte, da musste ich lachen und weinen gleichzeitig. Irgendwie war dieses Kompliment sehr charmant. Vielleicht bin ich zwar bekannt, als Person, aber ich kann immer noch nicht davon leben, sogar vier Jahre nach der Gründung nicht.*

Christian: Du hast jetzt so viele Monate und Jahre hineingesteckt, erstmal bekannt zu werden mit deiner Idee, genau jetzt aufzugeben ist einfach der falsche Moment!

Alice: *Glaubst du?*

Christian: Ja, du musst vor allem, wie gerade schon gesagt, die Angst vor deinem Erfolg loslassen.

Alice: *Dazu passend habe ich letztens etwas gelesen von Margit Kronenberghs: „Habe die Demut, die Größe deiner Aufgabe anzunehmen." Von Selbst-er-Mächtigung spricht sie, die Macht, es selbst zu tun, eigene Interessen eigenmächtig zu vertreten. Sich selbst die Macht zuzugestehen, dass man erfolgreich sein kann und darf. Ich muss nur zugeben, dass ich das Wort „Macht" darin nicht mag. Wie ich schon erzählt hab, als du die Macht als Grundlage für das Machen beschrieben hast. Dabei habe ich von dir gelernt, dass Macht auch positiv sein kann: Macht bedeutet, dass ich viel Kraft und viele Fähigkeiten habe, um vieles zu bewegen.*

Christian: Und dann ist auch die Frage, welcher Typ bist du? Bist du eher Verlierer oder Gewinner? Dazu sagt Kiyosaki zum Beispiel: „Verlierer hören auf, wenn sie scheitern. Gewinner scheitern, bis sie Erfolg haben." 1953 schafften es Edmund Hillary und Tenzing Norgay mit unseren Sauerstoffgeräten als Erstes den Mount Everest zu besteigen. Sie glaubten daran, es zu schaffen, obwohl dies bislang noch niemandem gelungen war. Woran glaubst du?

Alice: *Ich glaube, dass ich durch meine Erfahrungen ganz vielen Menschen helfen kann. Ich habe vielleicht noch nicht den richtigen Weg dorthin gefunden, aber ich weiß, dass ich die richtige Ausrüstung dafür habe. Mein Kunstlehrer sagte häufig: Die ersten 80 Prozent eines Projektes machen Spaß, aber am wichtigsten sind die 20 am Ende. Vielleicht hast du recht und ich muss jetzt einfach dranbleiben. Mit dir schaff ich das wirklich noch bis zum Mount Everest meiner Ziele!*

Christian: Das klingt doch gut. Mein Urgroßvater hatte zum Beispiel auch einen Wunsch, er wollte die Narkose beherrschbar machen. Denn Anfang des 20. Jahrhunderts war das noch ein riskantes Unterfangen, immer wieder starben Patienten, weil die exakte Dosierung nicht möglich war. Der Wunsch und der Glaube daran, es zu schaffen, trieben Johann Heinrich und seinen Sohn Bernhard an. Zusammen mit dem Professor Dr. Otto Roth schafften sie es einen neuen Narkoseapparat zu entwickeln: Der Roth-Dräger war ein großer Erfolg und eine Weltsensation.

Alice: *Das ist beeindruckend.*

Christian: Ja, der Glaube an eine Sache ist ausschlaggebend. Also lass uns mal weiter deine Stärken anschauen: Du hast Durchsetzungsvermögen, wie ich ja selbst spüren durfte mit diesem Buchprojekt, du bist fleißig, wenn du etwas wirklich willst, du hast einen großen Ideenreichtum und du bist optimistisch. Das sind schon ganz wichtige Attribute, um überhaupt erfolgreich zu sein. Ich denke auch, dass du in der Beratung schon ein gutes Feld gefunden hast. Du kannst Menschen gut zu etwas anleiten und sie begeistern. Du bist ein humorvoller und Mut machender Mensch.

Alice: *Stimmt. Und das Gute am Humor ist, dass man ihn nicht pfänden kann. (Lacht)*

Christian: Ja, den Humor kann uns niemand nehmen. Nenne mal Dinge, die positiv waren an deinem Scheitern, denn Scheitern gehört ja zum Erfolg dazu.

Alice: *Hmm ... dass ich, wie vorhin bereits genannt, eingesehen habe, dass ich alleine nicht alles kann. Und auch die Erfahrung, dass nicht jede Negativ-Empfehlung negative Auswirkungen hat. In einem Chat hatte mal jemand ohne mein Beisein sehr negativ über mich erzählt. Eigentlich etwas sehr Deprimierendes! Aber einer aus diesem Chat wurde später mein Kunde. Er recherchierte nach mir, fand meine Homepage und fühlte sich davon angesprochen. Wie heißt es immer: negative publicity is also publicity. Vielleicht habe ich daraus auch gelernt, dass das, was der eine schlecht findet an mir, der andere wiederum an mir liebt.*

Christian: Ja. Manchmal hängt es auch davon ab, ob du die richtigen Kunden findest und dich nach ihnen ausrichtest. Es liegt dann nicht an deiner Idee, dass du sie nicht an den Mann gebracht kriegst, sondern daran, dass du bisher die falschen Kunden angesprochen hast.

Alice: *Vielleicht interessieren sich nur Frauen für etwas, dann ist es sinnlos, die Idee „an den Mann" zu bringen. (Lacht) Oder manchmal habe ich auch gemerkt, dass Menschen die Idee von einem Mann annehmen und umsetzen, aber mich als Frau nur nett belächeln. Oder Rat nur von älteren Menschen annehmen und nicht von jungen Menschen wie mir. Insofern kann es auch einfach sein, dass ich das falsche Geschlecht habe oder das falsche Alter.*

Christian: Das ist auch etwas, was du dich fragen musst: Was war der Grund für dein bisheriges Scheitern? Ist es ein Grund, den du verändern kannst? Denn dann erst kann das Scheitern zum Erfolg führen, wenn du daraus lernst. Was wäre denn Erfolg für dich, wirklich konkret auf dein Business bezogen?

Alice: *Anderen Menschen helfen bedeutet für mich Erfolg. Eine Hilfstechnik entwickeln, die so gut ist, dass auch andere sie lernen wollen und sie dadurch nicht nur meinen Coaches hilft, sondern auch vielen anderen Menschen. Erfolg bedeutet eigentlich auch so ausgebucht zu sein, dass man keine große Werbung mehr schalten muss. Aber ehrlich gesagt fürchte ich mich auch vor diesem Zustand. Werde ich dann überhaupt noch Zeit zum Entspannen haben? Zeit, um Bücher zu schreiben und meinen Gedanken nachzuhängen? Klar, ich will, dass meine Coaching-Methoden benötigt und gewollt werden, aber auf einen komplett ausgebuchten Kalender, kaum Zeit und viel Stress habe ich ehrlich gesagt auch keine Lust.*

Christian: Da musst du dich aber irgendwann entscheiden. Beides zusammen ist schwierig realisierbar. Wenn man wie mein Großvater beispielsweise noch Tochterfirmen im Ausland aufbaut, dann hat man einfach wenig Zeit, um seinen Gedanken nachzugehen.

Alice: *Ja, da hast du wohl leider recht. Übrigens bezogen auf deinen Großvater und seine Unternehmungen in Amerika: Ich habe mich auch schon oft gefragt, ob zum Beispiel Deutschland wirklich das richtige Land für meine Ideen ist. Hier setzt man auf Anpassung und ist immer gegen Eliteförderung. Dabei ist die Förderung von innovativen, kreativen Menschen wirklich keine Eliteförderung, sondern eine ganz normale Bedürf-*

nisbefriedigung! Aber Auswandern oder Mitarbeitende einstellen oder mehr mit ausländischen Firmen arbeiten ... das macht mir Angst. Das sind große Schritte. Ich weiß nicht, ob ich es mir wirklich zutraue. Hier in Lübeck habe ich meinen festen Freundeskreis, ich kenne die Orte, die mir guttun, wo ich zur Ruhe finde. Wenn ich umziehe, muss ich mir wieder alles neu aufbauen.

Christian: Wenn du bei Monopoly wieder zurück auf Los musst, bedeutet das dann automatisch, dass du verlierst? Nein, oder? Auch dann kannst du noch gewinnen.

Alice: *Stimmt. Ich habe eigentlich viele meiner Ziele auch schon erreicht. Meine Vision, Menschen zu unterstützen, ihre Talente zu nutzen und an sich selbst zu glauben, konnte ich mit vielen meiner Coachees umsetzen. Mir hat es viel Spaß bereitet, mit ihnen zu arbeiten, zu sehen, wie sie sich positiv entwickeln und Teil des Veränderungsprozesses zu sein. Es war schön, meine Ideen auch in Fernseh- und Radioauftritten mit anderen zu teilen und dann so viele positive Rückmeldungen zu bekommen. Aber ich kann immer noch nicht davon leben und somit muss ich nun was verändern! Mein Überleben ist damit nicht gesichert.*

Christian: Man braucht Bereitschaft zur Veränderung. Die hast du! Vielleicht hast du jetzt für kurz den Glauben an dich selbst verloren, aber du bist viel zu selbst BEWUSST, um den Glauben an dich selbst ganz zu verlieren. Du bist dir deiner selbst und deiner Stärken bewusst. Dann nutze sie!

Alice: *Hm ... Meine Stärken nutzen ... vielleicht hast du Recht. Und wie wir ganz am Anfang besprochen haben: Glaubenssätze loslassen! Glaubenssätze wie: „Reiche sind arrogant, egozentrisch, nicht mitfühlend" oder „Die sind ja nur zu ihrem Reichtum gelangt, indem sie andere abgezockt und ausgenutzt haben".*

Christian: Das stimmt. Solche Glaubenssätze solltest du auflösen. Und du hast ja nun auch schon erfahren, dass auch mein Urgroßvater verschiedenes ausprobiert hat, bis er letztendlich erfolgreich wurde.

In Kürze:

Sei von deinem Können überzeugt und glaube auch an die Fähigkeiten der Menschen um dich herum.

Werde dir deiner negativen Haltungen gegenüber Erfolg und Reichtum bewusst und lasse sie los!

Sei offen für Erfolg, auch wenn die Möglichkeit zunächst unwahrscheinlich erscheint.

Sieh dich als Gewinner und sei bereit, solange zu scheitern, bis du Erfolg hast. Aufgeben ist keine Option!

Schaffe dir Zeit, um Ideen umzusetzen. Biete zuerst Produkte an, die nicht aufwendig herzustellen sind, aber genügend Geld einbringen!

Fokussiere deinen Blick auf die positiven Dinge. Schaue darauf, was du bereits geschafft hast.

Habe Demut, die Größe deiner Aufgabe anzunehmen und sei auch bereit für die Veränderung.

Reichtum

Christian: Du willst also wissen, wie es ist, reich zu sein ...

Alice: *Haben deine Eltern dich sehr verwöhnt? Haben sie versucht, dass du vor allem mit Kindern aus dem gleichen Stand spielst?*

Christian: Nein, wir wurden nicht besonders verwöhnt und auch nicht dazu angehalten, nur mit Kindern aus gleichem oder besserem Stand zu spielen. Mein ältester Halb-Bruder hat in der Dräger-Villa in Lübeck gelebt und mit den Nachbarskindern gespielt und ein Mädchen aus der Nachbarschaft geheiratet. Ich bin in Berlin aufgewachsen und da habe ich mit anderen Kindern S-Bahn-Surfen gemacht, die waren aus ganz gewöhnlichen Familien. Nach Kriegsende habe ich mit meiner Mutter und Geschwistern auf einem Bauernhof gelebt, da habe ich mit allen anderen Kindern aus dem Dorf gespielt. Das einzig Besondere war, dass ich für den Weg zur Schule einen Wagen mit einem Pony bekam, um vom Dorf in die Stadt zu gelangen. Da habe ich immer andere Kinder mitnehmen können.

Alice: *Glaubst du, dass der Reichtum dich glücklich gemacht hat? Also, dass du durch den Reichtum auch eine glückliche Kindheit hattest?*

Christian: Du hast Fragen. Aber wir haben doch noch nicht geklärt, ob wir „reich" waren oder das so empfunden haben.

Alice: *Häufig habe ich schon gemerkt, dass Glück und Geld nicht unbedingt zusammenhängen. Es gibt Statistiken dazu, dass die Länder mit den glücklichsten Menschen nicht die reichsten Länder sind, sondern sogar teilweise zu den ärmsten Ländern gehören.*

Christian: Nein, Geld macht nicht unbedingt glücklich, aber zufrieden.

Alice: *Ich kam zwar aus armen Verhältnissen, aber durch meinen Besuch der Waldorfschule und auch später des Gymnasiums war ich fast immer umgeben von Kindern aus eher wohlhabenden Familien. Auch als ich später im Ausland an der Privatschule arbeitete, gab es dort viele Kinder aus reichen Haushalten. Manche Kinder mussten jeden Tag mit einem Bodyguard zur Schule gebracht werden, aus Sorge vor Kidnapping. Wenn ich deren Leben mit meinem verglich, hatte ich das Gefühl, viel mehr Freiheiten zu haben und glücklicher zu sein.*

Christian: Ja, das kenne ich. Ich habe auch immer versucht, das Familienunternehmen im Freundeskreis nicht zu erwähnen.

Alice: *Gab es denn auch Situationen, wo es praktisch war, reiche Eltern zu haben?*

Christian: Diese Frage habe ich mir nie gestellt. Vielleicht, wenn es um die Schulwahl ging. Denn das Gymnasium kostete damals ja noch Geld.

Alice: *Einen Nachteil, den ich übrigens auch bei manchen meiner reichen Klassenkameraden sah: Sie hatten kaum etwas von ihren Vätern, weil diese aufgrund ihrer hohen Position ständig unterwegs waren. Auch die Kinder standen unter hohem Druck, erfolgreiche Abschlüsse zu liefern, um die Eltern zufriedenzustellen. Das würde ich einmal anders machen wollen: Ich will meine Kinder später nicht in einem Goldkäfig verstecken müssen und ständig Angst um sie haben.*

Christian: Ich habe immer versucht, unsere Kinder normal zu erziehen und sie den Wohlstand nicht spüren zu lassen.

Alice: *Ich habe auch bemerkt, dass ich eigentlich kein protziges Luxusleben brauche. Im Gegenteil, ich mag es gerne minimalistisch, aber nahe der Natur.*

Christian: Ja, die Natur war mir auch immer wichtig.

Alice: *Hast du dich für den Naturschutz eingesetzt?*

Christian: Nein. Das war zu meiner Zeit nicht relevant. Ich habe einfach gerne meine Zeit in der Natur verbracht und bin ihr immer mit Achtung und Respekt begegnet. Meine Verlobungsreise mit meiner späteren Frau ging nach Finnland, mit einem Faltboot über die Seen, nur Natur und keine Menschen. Von meinem ersten selbst verdienten Geld habe ich mir ein Teleskop gekauft, für die Beobachtung der Sterne.

In Kürze:

Werde dir bewusst, was du wirklich brauchst, um glücklich zu sein. Manchmal machen uns Dinge glücklich, die durch Geld nicht zu erlangen sind.

Geld macht nicht glücklich, aber kann einem Dinge erleichtern.

Visionen
Christians Ziele

Christian: Alice, nachdem wir über Erfolg und Reichtum gesprochen haben, dürfen wir die Ziele nicht vergessen. Denn jemand, der keine Ziele hat, kann auch nicht erfolgreich werden. Wenn du mit deinem Boot auf See gehst ohne Ziel, wirst du nur dahintreiben, aber nicht ankommen. Und bevor du nach Erfolg strebst, sag ich immer: Werde dir deiner Ziele bewusst und formuliere sie konkret. Denn Ziele und Erfolg sind wie Beruf und Verantwortung.

Alice: *Dass man Ziele haben muss, um erfolgreich zu werden, kann ich nachvollziehen. Aber du kannst doch einen Beruf wählen, ohne Verantwortung zu tragen.*

Christian: Du trägst immer in gewisser Weise eine Verantwortung. Natürlich bei manchen Berufen mehr, bei anderen weniger. Es gibt den BeRUF und die VerANTWORTung. Also solltest du dich fragen: Welchem Ruf folgst du und was ist deine Antwort? Es lohnt sich zu überlegen: Wie kann mein produktiver Beitrag an das Leben aussehen? „Das Ethische als Trieb zum produktiven Beitrag an das Leben", wie es Thomas Mann gesagt hat. Solange du allein arbeitest, solltest du dich selbst zuerst anschauen. Denn eine ganz wichtige Sache für die Selbständigkeit ist die Selbstkenntnis. Du musst dich selbst kennen.

Alice: *Hmm ... Welchem Ruf folge ich... und wer bin ich ... das habe ich mich schon oft gefragt: Wer bin ich und wenn ja, wie viele? (Lacht)*

Christian: Wenn du deinen Ruf kennst, wird dir auch klar, mit welchen Kunden du zusammenarbeiten möchtest und was diese brauchen. Du musst wissen: Was ist deine Mission, deine Passion und deine Vision? Wo liegen dein Talent, deine Begabung, deine Leidenschaft, deine Bedürfnisse und Wünsche, wo liegt dein innerer Ruf und wie kannst du dem antworten? Denn wenn du diese Fragen beantworten kannst, dann geben diese Antworten dir Kraft in schwierigen Situationen durchzuhalten.

Alice: *Was war dein persönliches Ziel oder das Ziel für deine Firma?*

Christian: Das ist gar nicht so leicht zu beantworten. Bei uns hat es auch lange gedauert, bis wir unser Ziel erkannten. Als Sprecher des Vorstands sollte ich 1974 eine Rede zur Einweihung des neuen Gebäudes halten, wo sich jetzt das Forum und die Kantine befinden. Damals haben wir ein großes Fest veranstaltet und ich sollte über die künftigen Aufgaben des Drägerwerks sprechen, welche Weichen wir genau stellen wollten etc. Darüber habe ich längere Zeit gegrübelt, denn wenn man die Aufgaben beschreiben will, muss man zunächst seine Ziele kennen. Das Problem: Es gab keine offiziellen Ziele. Alle Bereiche im Hause hatten unterschiedliche Ziele. Mein Vater wollte von den Bankschulden runter, der Vertrieb mehr Umsatz generieren, der Service die Kunden zufriedenstellen. Der Einkauf sagte:

„Wir müssen die Preise unserer Lieferanten drücken", und der Betriebsrat forderte höhere Löhne. Jeder verfolgte also bestimmte Ziele, aber es gab keine gemeinsame Unternehmensvision. Wenn man darüber nachdenkt, dann kommt man am Ende darauf, dass die Vision, die alle eint, ganz salopp gesagt, nachfolgende ist: „Dieser Laden darf nicht pleitegehen!"

Wir wollen hier weiterarbeiten – und sicherstellen, dass er sich nicht so verändert, dass das irgendwie ganz familienfremd wird. Dass etwa Entscheidungen in einem Aufsichtsrat fallen, der irgendwo im Rheinland tagt, oder so ähnlich. Das wollen wir nicht! Aber es genügt eben auch nicht nur gerade so zu überleben. Also sollte man qualifiziert überleben, denn der Laden darf auch nicht an Qualität verlieren, die wir hier alle so sehr schätzen. Da gibt es dann keine großen Diskussionen.

Alice: *Kannst du das genauer beschreiben?*

Christian: Ok, fange ich anders an. Die erste Antwort ist klar: „Der Unternehmer will den Profit maximieren!". Wenn Du mal genauer hinguckst, dann stimmt das überhaupt nicht. Das ist ganz was anderes. Er will mit seinem Laden überleben. Und einem unternehmerischen Zweck dienen. Und das gemeinsame Ziel ist nur dann wirksam, wenn es alle Mitarbeiter akzeptieren. Wenn man hier durch das Werkstor schreitet, die Ärmel hochkrempelt und anfängt zu arbeiten, muss man wissen, welchen Sinn das macht, außer Geld zu verdienen. Für wen arbeite ich hier eigentlich, und warum? Was macht das für einen Sinn? Ich kann schließlich auch woanders arbeiten! So gesehen ist es unvorstellbar, dass die Mitarbeiter hier sagen: „So, dann wollen wir mal wieder etwas für die Profitmaximierung tun!" Das ist völlig ausgeschlossen, dass sich Mitarbeiter deshalb anstrengen, Überstunden machen usw. Wenn jeder Einzelne nur versuchen würde, seinen eigenen Profit zu maximieren, dann funktioniert das nicht auf Dauer. Dann würde im Grunde genommen jeder nur auf sich selbst achten – und das geht dann nur zulasten anderer.

Alice: *Vor allem Führungskräfte zu haben, die eigentlich nur auf ihren eigenen Gewinn aus sind, ist der Tod für ein Unternehmen. Das sag ich häufig in meinen Vorträgen und meiner beratenden Arbeit: Die gemeinsame Vision ist wichtig!*

Christian: Ja, der Sinn im Handeln und Walten und die eigene Vision sind sehr wichtig! Und insofern sollte das Ziel eines jeden Unternehmens nicht nur das Überleben sein, sondern das qualifizierte Überleben.

Alice: *Schlimm ist es auch, wenn Mitarbeitende innerlich gekündigt haben, aber weiterhin in der Firma bleiben. Und um diese wieder neu zu motivieren, ist die Kraft der Vision gut. Zusammengefasst ist euer Unternehmensziel also: „qualifiziertes Überleben". Und deine Ururgroßmutter hatte ja auch bereits ein Leitbild auf Plattdeutsch formuliert, welches jetzt unter eurem Familienwappen steht und auch auf dem Giebel des Forum-Gebäudes: „Lever Schaden as Schimp".*

Christian: Stimmt. Das ist aber ein anderer Grundsatz. Lieber Schaden als Schimpfe. Eher ist ein Geldverlust in Kauf zu nehmen, als den guten Ruf und das Vertrauen der Kunden aufs Spiel zu setzen. Da hatte meine Ururgroßmutter auch Recht, denn wo es um „Technik für das Leben" geht, sollte der Anspruch hoch sein. Das ist Nachhaltigkeit in Reinform, schon vor der Gründung des Unternehmens.

Alice: *Ich finde „Technik für das Leben" aber eigentlich noch viel präziser als Vision formuliert. Denn qualifiziert überleben sollte jedes Unternehmen wollen. Die Frage ist nur: Wo liegt eure Qualität? Was macht euch qualifiziert?*

Christian: Ja, da hast du Recht. Mit der Erfindung neuer Technik möchten wir Leben schützen, unterstützen und retten. Das ist das, was wir wirklich wollen. Dafür lohnt es sich zu arbeiten.

Alices Ziele

Christian: Du hattest vorhin bereits erwähnt, dass dein Ziel darin besteht, Talente zum Blühen, Wachsen und Gedeihen zu bringen. Wie wir vorhin besprochen haben, sind Ziele, beziehungsweise eigentlich noch viel eher die Vision, die Basis für jeden Erfolg. Bist du dir bei deinen Zielen wirklich sicher?

Alice: *Ja, da bin ich mir sehr sicher: Ich möchte talentierte Menschen darin unterstützen, ihre Talente auch wirklich zu nutzen. Und ich möchte unsere Gesellschaft darin unterstützen, unerkannte Schätze an Intelligenz und Innovationsfähigkeiten zu bergen. Das Wichtigste, was ich in meiner Coachingarbeit bisher gelernt habe, war, dass ich die Welt nicht retten kann und dass das auch gar nicht meine Aufgabe ist. Denn wenn ich denke, mit meiner Arbeit die Welt zu retten, dann suggeriere ich indirekt meinen Auftraggebern oder Coaching-Teilnehmern, dass sie es falsch machen und ich die richtige Lösung hätte. Und diese Art mich über andere zu stellen, verhindert schon jede gute Zusammenarbeit. Eine weitere Sache, die ich gelernt habe, ist: Ich muss meinen Teilnehmern die Freiheit lassen, auch zu scheitern und ihre Ziele nicht zu erreichen. Wenn ich anderen nur helfen möchte, um selbst Anerkennung zu bekommen, dass sie sich durch meine Arbeit besser fühlen, dann tue ich es eigentlich nur für mich selbst, nicht für sie. Als Coach muss es mir egal sein, ob der andere erfolgreich ist oder nicht. Der Klient muss mir nicht sagen, dass ich gut bin. Das ist nicht seine Aufgabe! Das heißt also: Ich muss in mir selbst ruhen, ich darf nicht abhängig sein von dem, wie andere mich finden. Ich muss mir also meiner mehr bewusst sein. Ich brauche eine gewisse Gleichgültigkeit meinen Teilnehmern gegenüber. „Gleich-gültig". Ihre Meinung, ihre Herangehensweise ist genauso gültig wie meine. Auch wenn sie es ganz anders tun, als ich es tun würde.*

Christian: Das klingt sehr vernünftig.

Alice: *Ja. Insofern weiß ich, wenn wir nach „The Golden Circle" des Motivationsredners Simon Sinek gehen ...*

Christian: Was ist das?

Alice: *Sozusagen der goldene Kreis mit dem Kern: „Warum", dem mittleren Kreis „Wie", und dem äußeren Kreis „Was". Ein Bild, um zu beschreiben, wie wichtig es für den unternehmerischen Erfolg ist, die Vision zu kennen und alles nach ihr auszurichten. Das „Warum" steht für: Warum du tust, was du tust. Das „Wie" steht für die Strategie, die du brauchst, um die Vision umzusetzen. Das „Was" steht für: Welche konkreten Aufgaben umgesetzt werden müssen, um die Vision zu erreichen. Also, wenn wir nach dem „goldenen Kreis" gehen, dann kann ich sagen: Meine Vision ist es, dass Menschen ihr volles Potenzial ausüben können, ihre Talente nutzen und an ihre Arbeit mit Spaß herangehen, weil sie Sinn darin sehen. Das ist mein „Warum". Es macht mich glücklich zu sehen, wenn Menschen Dinge schaffen, die sie sich vorher nie zugetraut haben, wenn sie über sich selbst hinauswachsen. Meine Strategie, um das zu erreichen, also mein „Wie" ist: Ich unterstütze Menschen und Organisationen darin, ihre Talente zu erkennen und zu nutzen und so kreativer und innovativer zu werden.*

Christian: Alice, kannst du konkreter werden, wie du dein Ziel, Talente zu fördern, umsetzen willst?

Alice: *Ja, dazu kommt jetzt mein „Was", also was ich mache: Ich schreibe Bücher und halte Vorträge und Seminare, damit die Entscheider in Organisationen ein Feingefühl dafür entwickeln, wo unerkannte Talente liegen und sich nicht vom äußeren Schein täuschen lassen. Ich gebe Workshops, wo Menschen wieder lernen, mehr an sich zu glauben und ihren eigenen Talenten zu vertrauen. Ich schaffe gemeinsam mit den Mitarbeitenden und Entscheidenden Strukturen in Organisationen, die mehr Innovation und Kreativität zulassen, sodass sich Talente trauen, auch über die Standardgröße hinauszuwachsen und sich mit ihrem Können zu zeigen. Dazu unterstütze ich die Entscheider in der Entwicklung ihres Mindsets, dass sie auch Menschen anerkennen, die außerhalb der Norm funktionieren.*

Christian: Vision kommt übrigens von dem lateinischen Begriff Visio „das Sehen, Anblick, Erscheinung". Es ist die Kraft des Erfassens mit den Augen. Es ist also die Macht, das vorauszusehen, was werden wird oder werden könnte, eine innere Erscheinung. Ziele hingegen sind die konkreten zeitlichen Punkte, die du dir setzt, um Stück für Stück der Vision näherzukommen.

Alice: *Die Vision war mir von Anfang an klar, das war das, wovon meine Motivation ausging. Das war der Grund, warum ich mich selbständig gemacht hab. Allerdings muss ich die einzelnen Ziele nun überarbeiten, um die Vision realisieren zu können. Und ich muss ganz klar herausarbeiten: Was bringt mein Produkt dem Kunden? Welches Bedürfnis stille ich mit meiner Lösung und ist dieses Bedürfnis auch eins, wo wirklich ein Bedarf besteht?*

Christian: Erinnerst du dich, wie wir über den Selfmademan sprachen, als ich dir von dem Bauchladen meines Urgroßvaters erzählte? Er hat es geschafft. Und wodurch schaffte er es? Durch harte Arbeit und einen unbeugsamen Willen. Du hast einen starken Willen, du hast Durchhaltevermögen und mit dieser Begeisterung und den leuchtenden Augen, mit denen du von deinen Themen erzählst, wirst du am Ende dein Ziel erreichen. Da bin ich mir sicher!

Alice: *Vielleicht hast du recht. Auch nach meinem Krankenhausaufenthalt damals nannten mich alle „das Stehaufmännchen", aus Bewunderung, dass ich das Beste daraus zu machen versuchte. Man sollte sagen „Stehauffrau".*

In Kürze:

Sei dir deiner Vision bewusst! Formuliere sie klar. Denn eine klare Vision ist das Samenkorn für Erfolg.

Bestimme die passenden Ziele, um die Vision zu erreichen! Setze deine Ziele um. Die Vision sollte jeder deiner Mitarbeitenden vertreten.

Kreiere den goldenen Kreis für dich! Sei dir bewusst über dein Warum, dein Wie, und dein Was.
Überlege dir, womit du die Aufmerksamkeit von deinen potenziellen Kunden erweckst.

Teil II – Christian und das Drägerwerk

Unternehmerpersönlichkeiten

Alice: *Christian, ich würde gerne mehr über deine Führungserfahrung wissen. Bevor wir auf meine Kindheit zu sprechen kamen, haben wir ja über das Unternehmer-Gen gesprochen und ich hatte dir von der Studie über Unternehmerpersönlichkeiten erzählt. Darin wird gesagt, dass Unternehmer ihren beruflichen Erfolg stärker sich selbst zuschreiben und weniger äußeren Umständen.*

Christian: Das ist wohl eine Familieneigenschaft, durch Gene und Muttermilch vererbt. Ich kann da nichts für. Ich habe nichts Besonderes tun müssen.

Alice: *Personen, die „offen", „emotional stabil" und „extrovertiert" sind, machen sich häufiger selbständig, heißt es in dieser Studie. Es wird aber auch gesagt: Menschen mit einer großen Verträglichkeit, entgegenkommendem Verhalten und Hilfsbereitschaft geben die Selbständigkeit schneller wieder auf. Geringere Verträglichkeit hilft den Unternehmern eher, Verhandlungen zu ihrem Vorteil zu führen. Dem stimme ich nicht zu. Ich finde, das ist wiederum sehr kurzfristig gedacht, denn auf die Dauer hinterlässt ein verträglicher Mensch, der einfühlsam und empathisch ist, einen besseren Eindruck bei seinen Kunden und Geschäftspartnern als ein Geschäftsmann, der nur seinen Vorteil sieht und erbarmungslos verhandelt.*

Christian: Ich meine, diejenigen Geschäftsleute sind erfolgreicher, die sich von Anfang an fragen: Was wollen eigentlich meine Kunden? Wenn sie darauf ihre Energien fokussieren, das zu erfahren, haben sie gute Chancen auf Erfolg! Wichtig ist nur, dass man trotzdem gut verhandeln kann und man bei seinem Preis bleibt. Wenn jemand da zu sehr dem Kunden entgegenkommt, wird er irgendwann selbst nicht mehr überleben können.

Alice: *Christian, denkst du, man muss selbst Experte sein in dem, was man als Unternehmer aufbaut?*

Christian: Es schadet nicht, wenn man davon einiges weiß.

Alice: *Aber denkst du, man muss alles über sein Thema wissen oder denkst du, es ist viel wichtiger Menschenkenntnis zu haben und zu wissen, wo man die Experten für das Thema findet und wie man seine Mitarbeitenden führt?*

Christian: Letzteres ist in jedem Fall wichtiger als die Sachkenntnis. Ich glaube, um erfolgreich ein Unternehmen zu führen, braucht man erstmal Menschenkenntnis, Energie und Geduld. Menschenkenntnis, um zu wissen, was die Mitarbeiter eigentlich wollen und um ihnen das zur Verfügung zu stellen und vor allem auch zu wissen, was die Kunden wollen. Das ist eigentlich das ganze Geheimnis, finde heraus, was die Mitarbeiter brauchen, gib ihnen das, finde heraus, was die Kunden brauchen, gib ihnen das und dann bist du erfolgreich!

Alice: *Denkst du also, dass man ein Unternehmen führen könnte, von dem man selbst keine Ahnung hat, wenn man gut Menschen führen kann, die richtigen Mitarbeitenden hat und die wiederum genügend Ahnung davon haben?*

Christian: Ein Mindestmaß von Ahnung, können die Mitarbeiter doch bitte von ihrem Chef verlangen, weil das dann glaubhaft ist, wenn er irgendetwas vorschlägt. Da bringt die beste Menschenkenntnis nichts, wenn man sich nicht auskennt. Man sollte so viel Ahnung haben, dass die Mitarbeiter von einem sagen: Dem kannst du nichts vormachen.

Alice: *Und was würdest du dazu sagen: „Eine unternehmende Person ist dann gut, wenn sie kaum noch gebraucht wird"?*

Christian: Ja, das geht aber nur, wenn man den Mitarbeitern die Gelegenheit und die Zeit gibt, ihren Chef kennenzulernen.

Alice: *Ich glaube, viele Führungskräfte haben Angst davor, dass ihre Mitarbeitenden mehr Ahnung vom Unternehmen haben als sie selbst. Sie kriegen dann Angst, dass diese an ihrem Stuhlbein sägen könnten.*

Christian: Ich habe es immer begrüßt, wenn meine Angestellten mit Ideen zu mir gekommen sind.

Alice: *Ich denke, als unternehmende Person ist es auch wichtig, an das Unmögliche zu glauben und sich selbst viel zuzutrauen. Aber gleichzeitig ist es wichtig, seine Kräfte realistisch einzuschätzen und sowohl seine körperlichen als auch psychischen Grenzen zu kennen.*

Christians Kindheit
Während des Krieges

Alice: *Du sagtest, man könne alles, was man als unternehmende Person braucht, erlernen. Dann würde es mich sehr interessieren, mehr über deinen Werdegang zu erfahren. Hat dich deine Kindheit zum Beispiel sehr geprägt? Fällt dir eine ausschlaggebende Erfahrung ein, die dich zu einem Unternehmer hat heranwachsen lassen?*

Christian: Nein, das kann man alles erlernen. Ich musste es auch erlernen. Und meine Kindheit im Krieg hat mich nicht besonders geprägt, das betraf ja alle, nicht nur mich.

Alice: *Würdest du sagen, du hast gewisse Traumata davongetragen?*

Christian: Nein, richtige Traumata habe ich nicht. Was den Krieg angeht, kann ich mich noch gut an eine Schreibarbeit in der Schule erinnern. Es war in der ersten Klasse ein Diktat über Günter Prien. Er war ein U-Boot-Kommandant, dem es gelungen ist, ein englisches SchLachtschiff zu versenken. Dafür kriegte er das Ritterkreuz. Mit so etwas sind wir groß geworden, mit den Heldenverehrungen und für ein besseres Deutschland und all das, was man uns so eingetrichtert hat. Ich fand das immer lästig, dass wir so häufig rausmussten, um große Siege zu feiern. Da mussten wir am Schulhof antreten und die Nationalhymne singen. Ich bin heute immer noch erstaunt darüber, was meine Eltern so alles mitgemacht haben. Es war 1943, als wir aus Berlin flüchten mussten. Ich war da acht oder neun Jahre alt. Du kannst dir vorstellen, was damals los war, als es hieß: „Alle Kinder und Frauen müssen raus!"

Alice: *Aber warum bist du in Berlin geboren? Warum lebte deine Mutter nicht mit deinem Vater in Lübeck?*

Christian: Das weiß ich nicht, mein Vater hatte viel in Berlin zu tun und die beste Freundin meiner Mutter hat auch nach Berlin geheiratet. Das war damals einfach so.

Alice: *Und wann bist du geboren?*

Christian: Das war 1934.

Alice: *Da war dein Vater Heinrich doch noch mit Ruth Stubbe verheiratet.*

Christian: Ja, das stimmt. Die Ehe mit Ruth kriselte aber schon sehr früh. Meine Mutter ist Emma Cornehls.

Alice: *Also dein Vater war zunächst mit Ruth Stubbe verheiratet, dann mit deiner Mutter Emma Cornehls, und später dann mit Lisa Jansen. Er war also dreimal verheiratet und er hat insgesamt elf Kinder.*

Christian: Genau.

Alice: *Und warum seid ihr weg aus Berlin?*

Christian: Mein Vater war hier in Lübeck beschäftigt und meine Mutter musste allein mit dem Hausmädchen und uns Kindern Berlin verlassen. Denn die Rote

Armee rückte immer weiter auf Berlin vor. So flohen wir nach Schleswig-Holstein, wo die Verwandtschaft meiner Mutter lebte, auf den Hof meines Onkels. Auf dem wir dann mitgeholfen haben.

Alice: *Und warum seid ihr 1943 dann zu deinem Onkel geflohen und warum nicht nach Lübeck zu deinem Vater?*

Christian: Mein Vater führte damals gar keinen richtigen Haushalt. Das war alles sehr primitiv, weil er ja hauptsächlich nur mit seinem Geschäft beschäftigt war. Meine Großmutter lebte auch im Haus meines Vaters am Finkenberg. Dort war jahrelang die Küche in einem Bad eingerichtet: durch einige Bretter auf der Badewanne und einer Herdplatte. Das war die Küche, von der mein Vater lebte. Es war zwar eine große Küche eingebaut in dem Haus, aber die konnte man gar nicht richtig nutzen.

Alice: *Warum nicht?*

Christian: Sie hätte repariert werden müssen. Aber es gab ja nichts! Es war ja Krieg!

Alice: *Ok. Und was war der Grund, warum ihr zu eurem Onkel geflohen seid?*

Christian: Weil es für uns Kinder sehr viel einfacher war, auf dem Bauernhof durchzukommen.

Alice: *Ja, wahrscheinlich war es auch sicherer auf dem Lande. Wo habt ihr denn in Berlin gelebt?*

Christian: Wir wohnten damals in Wannsee, ziemlich weit draußen im Westteil Berlins – nicht in dem vornehmen Viertel am Wannsee, sondern weiter hinten. Unser Kindermädchen hieß Erna. Eine ganz treue Ostpreußin, zu der ich, als ich hier schon im Geschäft war, immer noch Kontakt hatte.

Alice: *Wie würdest du deine Kindheit jetzt im Rückblick beschreiben? Du wurdest doch sicherlich sehr verwöhnt, oder? Zumindest soweit die Kriegsumstände es zuließen.*

Christian: Als Kind habe ich nicht gemerkt, dass mein Vater eine große Firma hat, ich wusste davon gar nichts. Und verwöhnt wurden wir auch nicht. Da legten meine Eltern großen Wert drauf, das eben NICHT zu tun. Meine Kindheit habe ich als glücklich erlebt. Als die Mutter eines Freundes starb, hörte ich zum ersten Mal diesen Spruch: „Die Mutter gibt es nur einmal, von allen Personen, die du kennst. Sie ist die Hüterin des einzigen Paradieses auf Erden: das der Kindheit!" So war das auch bei mir.

Alice: *Auch wenn es für deine Mutter sicherlich nicht leicht war, dieses Paradies zu hüten, alleine in Berlin zu leben und nur einen Wochenendvater für ihre Kinder zu haben. Zum Glück hatte sie das Kindermädchen! Meine Mutter konnte mir dieses Paradies aufgrund ihrer Krankheit leider nicht lange hüten.*

Christian: Ja, das hat meine Mutter gut hinbekommen. Ich hatte damals andere Sorgen. Nicht die, die unsere Eltern hatten: genügend zu essen zu haben und von den Bomben verschont zu bleiben. Nein, ich hatte solche: etwa, dass die Jungs aus der Nachbarschaft mich ärgerten, wenn ich zum Schlittschuhlaufen ging. Aber ich hatte schlicht eine glückliche Kindheit. So richtig bewusst geworden ist mir das alles erst, als meine Frau und ich selbst Kinder hatten. Denn für uns als Eltern ohne Krieg war alles sehr viel einfacher. Ich habe noch drei jüngere Geschwister: Anneliese, Theo und Klaus. Und unsere Eltern mussten uns betreuen, wie wir unsere vier Kinder später betreut haben – aber unter welchen Umständen damals!

Alice: *Ja, das habe ich mir auch schon oft gedacht. Meine Uroma war zum Ende des Krieges genauso alt wie ich jetzt, vierunddreißig. Aber sie war alleinerziehend mit fünf Kindern in eine zerbombte Stadt zurückgekehrt, nach Bochum. Ich kann und WILL mir gar nicht diese Situation ausmalen. Auf welcher Schule warst du denn in Wannsee?*

Christian: In Berlin ging ich auf die Volksschule in SchLachtensee, in die auch die Goebbels-Kinder gingen. Sie waren aber nicht in meiner Klasse. Einmal saßen ein paar Mädchen auf dem Schulhof, da war auch ein Mädchen der Goebbels dabei und sagte: „Ach Gott, ich habe heute gar keine Schularbeiten gemacht!" Daraufhin sagten ihre Freundinnen: „Du darfst dir das ja erlauben". Die Goebbels-Kinder wohnten auch am Wannsee, aber viel vornehmer; sie wurden immer mit einer Ponykutsche abgeholt. Damals gab es einen sehr bekannten Schlager von Lale Andersen, der hieß: „Es geht alles vorüber, es geht alles vorbei...", mit der Zeile „Auf jeden Dezember folgt wieder ein Mai". Und der kleine Goebbels, der muss so um die acht Jahre alt gewesen sein, der saß meist hinten in der Kutsche und sang dieses Lied mit voller Begeisterung. Mein Vater sagte dazu, als ich ihm einmal davon erzählte: „Oh, du ahnungsvoller Engel, du!". Das war ein klassisches Zitat aus Faust, wie es mein Vater häufig zur Hand hatte.

Alice: *Aber der Kleine durfte es nicht mehr erleben, wie es war, als der Mai kam und der Krieg vorüber war. Irgendwie ist es für mich schwer nachzuvollziehen, wie Frau Goebbels alle ihre Kinder umbringen konnte.*

Christian: Ja, das waren furchtbare Zeiten und vieles ist im Nachhinein nicht zu verstehen. Damals kannte ich Faust nicht, und ich hatte keine Ahnung von der Situation an der Ostfront. Meine Informationen waren „offiziell" – nur die gab man den Kindern. Wenn jemand den englischen Sender BBC hörte, dann mussten die Eltern höllisch aufpassen, dass die Kinder das nicht mitbekamen.

Alice: *Klar, wenn Kinder einmal etwas wissen, plaudern sie es aus. Und soweit ich gehört hab, wurde das Hören von Feindsendern sogar teilweise mit dem Tode bestraft. Ich fragte mich schon oft, wie es gewesen sein muss, als Kind in diesem Gedankenkonstrukt der Nazis aufzuwachsen.*

Christian: Ich erreichte während der Nazizeit bereits ein Alter, wo man erste klare Gedanken fassen kann und schon manche Dinge hinterfragt. In der Schule wurden wir aber sehr verblendet. Damals hatten wir ein Geschichtsbuch, das anders war als herkömmliche, denn es fing in der Gegenwart an. Das erste Kapitel war: „Die Wehrmacht schafft neuen Lebensraum im Osten (1942)". Das Zweite: "Goebbels erobert Berlin (1926)" und so ging das zurück. Ganz am Ende kam dann Karl der Große. Und in diesem Buch gab es ein Bild mit deutschen Panzern, die nach Osten fuhren zum neuen Lebensraum. Dazu sagte unsere Lehrerin: „Davon ist ja inzwischen wieder etwas verloren gegangen." Damit meinte sie vor allem Warschau. Das muss Anfang 1945 gewesen sein.

Alice: *Als der Krieg zu Ende ging, warst du elf Jahre alt. Was euch Kindern von den Erwachsenen bisher über die Welt erklärt worden war, wurde jetzt von anderen Erwachse-*

nen, den Besatzungssoldaten, für falsch erklärt. Da kommt man doch als Kind bestimmt durcheinander und fragt sich: Was an der Welt ist überhaupt „wahr"? Und häufig blieben die gleichen Lehrer ja, und wenn sie früher von den Naziparolen überzeugt waren, warum sollten sie dann plötzlich was anderes vermitteln? So wie beispielsweise Johanna Haarers Buch der nationalsozialistischen Kindererziehung, in dem Ordnung, Sauberkeit, Abhärtung und absoluter Gehorsam zentral waren und das bis in die 70er-Jahre als Standardwerk der Pädagogik galt.

Christian: Ja, das war so.

Alice: *Das Leben während des Krieges und auf dem Bauernhof deines Onkels mithelfen zu müssen, war für dich sicherlich eine prägende Erfahrung.*

Nach dem Krieg

Alice: *Seid ihr eigentlich nach Ende des Krieges bei deinem Onkel in Schleswig-Holstein geblieben?*

Christian: Nein, wir kamen bei Freunden in Bad Homburg unter, als der Krieg vorbei war. Denn mein Vater fürchtete, dass die Russen Schleswig-Holstein einnehmen würden; die Zarenfamilie hatte holsteinisches Blut in ihren Adern. Als meine Mutter mit vier Kindern und einer Schwester meines Vaters im Februar 1945 quer durch Deutschland nach Bad Homburg reiste, war das schlimm für uns: das Gedränge und die Panik zum Beispiel bei Luftangriffen. Da rannten alle in die Bunker. Mein kleiner Bruder ist einmal bei Essen fast totgetreten worden. Das habe ich aber nicht direkt mitbekommen.

Alice: *Ja, das Ruhrgebiet, davon haben meine Großeltern auch erzählt. Meine Oma und mein Opa wurden aufs Land verschickt, denn für Kinder war es im Ruhrgebiet viel zu gefährlich aufgrund der ganzen Waffenindustrie dort. Und war dein Vater mit euch geflüchtet oder ist er trotz seiner Angst in Lübeck geblieben?*

Christian: Er ist in Lübeck geblieben. Zu meinem Vater hatte ich während dieser

Zeit so viel Kontakt wie vorher – nicht mehr und nicht weniger. In der Woche habe ich ihn nicht wirklich vermisst, aber ich habe mich immer sehr aufs Wochenende mit ihm gefreut.

Alice: *Auf welche Schule gingst du denn nach dem Krieg?*

Christian: In Bad Homburg fiel die Schule für uns erst einmal aus. Das war sozusagen die schulfreie Besatzungszone. Die neue Freiheit haben wir genutzt. Die Freunde, bei denen wir wohnten, waren eigentlich Vertreter für das Drägerwerk, Kredel hieß die Familie. Sie hatte ein sehr schönes Grundstück, mit einem kleinen Teich samt Ruderboot. Was wir mit unserer Freiheit gemacht haben? Wir sind herumgestrolcht. Überall.

Alice: *Das klingt schön.*

Christian: So frei waren wir dann allerdings auch wieder nicht, denn wir Kinder waren dafür zuständig, dass immer genug Holz zum Heizen da war. Gestritten wurde meist darum, wer hacken durfte. Alle wollten hacken, niemand wollte sägen. Denn die Sägen, die wir hatten, waren natürlich nicht die besten. Im Sommer 1945 gingen wir wieder zurück nach Schleswig-Holstein, auf den Hof meines Onkels. Nun mussten wir uns um das Vieh kümmern, da die Kriegsgefangenen und Fremdarbeiter nicht mehr da waren. Unter den vier Besatzungsmächten waren die Briten in Schleswig-Holstein die sympathischsten. Als wir zurückkamen, fing für mich wieder die Schule an. Ich besuchte dasselbe Gymnasium in Bad Segeberg, auf das ich schon zuvor gegangen war. Ich war kein besonders guter Schüler. In der Sexta blieb ich sitzen. Das war für meinen Vater natürlich etwas, das überhaupt nicht ging! Ein Dräger, der sitzen bleibt!

Alice: *Sitzenbleiben heißt ja nicht, dass man dumm ist. Vielleicht hast du dich auch einfach gelangweilt in der Schule? Einer meiner klügsten Klassenkameraden ist sogar zwei Mal sitzen geblieben, hat erst kurz vor dem Abitur so wirklich angefangen zu lernen und hat dann ein Top-Studium abgeschlossen und einen Manager-Job bekommen. Ich bin auch einmal sitzen geblieben.*

Christian: Ja, mich interessierten andere Dinge. Wenn ich daran denke, was wir alles so angestellt haben: nicht nur Drachensteigen, auch Streiche haben wir gespielt: Früher bestand ein Teil der Fahrradbeleuchtung aus Karbidlampen. Wir wussten, was man mit Karbid Schönes anstellen kann. Einfach in eine alte Dose mit Deckel auf der Rückseite mit einem Nagel ein Loch stechen und Karbid reinfüllen – anschließend draufpinkeln und ein Streichholz an das Loch halten. Das gab einen wunderschönen Knall!

Alice: *Der Erfinder in dir! (Lacht)*

Christian: Die Entscheidung meines Vaters dann, dass ich die Schule trotz Ver-

setzung in die Oberschule verlassen sollte, habe ich gern gesehen. Ich war nicht schlecht in der Schule, aber ich hatte auch keine Lust mehr. Ich wollte raus und etwas Anderes sehen. Deshalb kam mir das sehr entgegen.

Alice: *Also war das gar nicht deine Entscheidung, sondern die deines Vaters?*

Christian: Ja, die Entscheidung lag bei ihm. Meine Mutter hat etwas darunter gelitten, weil sie noch in Erinnerung hatte, wie meine Großmutter mütterlicherseits (Anna Cornehls, geb. Drews), die mich gerne mochte, einmal zu ihr sagte: „Du, hör mal, der Krischan, das wird mal ein ganz Plietscher. Der macht noch seinen Doktor." Das war immer ihre Hoffnung – zudem war es hoch angesehen damals, wenn es einen Doktor in einer Familie gab. Das war eine große Sache. Dann wurde ich aber plötzlich von der Schule genommen, auf Veranlassung meines Vaters, und war ganz weit weg in Süddeutschland, in Schwenningen. Aber darüber berichte ich dir später ausführlich, wenn du willst.

Alice: *Gerne. Bevor wir dann bei unserem nächsten Treffen darauf zu sprechen kommen, musst du mich nochmal über deine Herkunftsfamilie aufklären.*

Christian: Ja, das können wir gerne machen. Wenn du möchtest, kann ich dir dazu was zu lesen mitgeben, vielleicht verstehst du es dann besser.

Alice: *Oh, danke. (liest vor) „Mein Leben auf dem Lande in der ‚guten alten Zeit'" von Emma Dräger-Cornehls. Ah, das ist von deiner Mutter?*

Christian: Ganz genau.

Alice: *Danke für das Buch, ich werde es lesen. Hab einen schönen Abend und schlaf gut. Ich melde mich, wenn ich wieder Zeit hab vorbeizukommen.*

Christians Mutter

Einige Tage später sitze ich wieder im gemütlichen Wohnzimmer von Gertrud und Christian.

Alice: *Danke Christian für das Buch. Schon die ersten Seiten haben mich sehr berührt! Deine Mutter hatte es wirklich nicht leicht in ihrer Kindheit.*

Christian: Ja, meine Mutter musste immer stark sein.

Alice: *Ich fand mich selbst darin wieder. Deine Mutter musste auch schon früh Verantwortung übernehmen, sie war die Älteste von drei Kindern. Sie verlor ihren Vater mit 16 und musste dann arbeiten gehen. Und das, obwohl ihre Familie früher eigentlich einen schönen Hof in Leezen hatte und Angestellte. Aber den hatte ihr Vater ja leider verloren.*

Christian: Ja, so war es.

Alice: *Und vor allem der Optimismus, mit dem deine Mutter und deine Oma weitergemacht haben nach dem Scheitern und auch nach dem Tod deines Opas, imponiert mir! Deine Oma sagte ja: „Ick heff all so viel im Leben missen müss, denn käm ick dor och na över weg." Und soweit ich das in Emmas Buch richtig gelesen habe, war es ihr Vater Heinrich Cornehls, der im Gymnasium Schillers „Bürgschaft" auswendig gelernt hatte und dann seinem Bruder Hermann für ein insolventes Bauunternehmen die Bürgschaft gab, da er es als eine moralische Tugend verstand, aber die eigene Gefahr nicht erkannte. Und für diese Bürgschaft musste er dann die Leezer Mühle verkaufen, die er von seinen Schwiegereltern weitergeführt hatte.*

Christian: Ja, so hat es mir meine Mutter erzählt. Und im Gegensatz zu Schillers

Möros konnte Hermann seinen Bruder Heinrich nicht vor dem Henker bewahren. „Ich lasse den Freund dir als Bürgen, ihn magst du, entrinn ich, erwürgen". Es reicht nicht, ein Gedicht auswendig zu lernen, um sich vor finanziellen Schäden zu schützen. Aber meinem Großvater kam seine gute Bildung letztendlich doch zugute.

Alice: *Intelligent, aber naiv ... das kommt mir sehr vertraut vor.*

Christian: Ja, er war gutgläubig. Nachdem er die Mühle verkaufen musste, fand er dank seiner Bildung Gelegenheitsarbeiten schriftlicher Art auf dem Gut Nütschau. Denn er konnte mit der „Feder" gut umgehen und Schreibmaschinen gab es zu der

Zeit noch nicht. Er wurde dort Gutsförster.

Alice: *Aber am meisten berührt hat mich diese Stelle in ihrem Buch, wo Emma die Situation nach dem Konkurs beschreibt und davon berichtet, dass sie selbst bereits mit elf Jahren arbeiten gehen musste: „Meine Mutter ging bei anderen Bauern zum Melken, um einige Groschen zu verdienen. Dieses war für Mutter sehr erniedrigend, zumal es Leute gab, die sehr taktlos waren und Mutter es fühlen ließen, daß wir nun ‚arm' waren. Ich erinnere mich noch, daß sie morgens weinte: ‚Nun bin ich schon seit kurz nach 4 Uhr auf den Beinen, wenn ich die Milch zum Bauern mitbrachte; da saß man am Kaffeetisch und hat mir nicht ein einziges Mal eine Tasse Kaffee angeboten.' Da bei uns auf der Mühle jeder Handwerksbursche oder Händler zum Essen gebeten wurde, kannte sie von Haus aus Gastfreundschaft in jeder Weise."*

Christian: Ja, so hat sie mir auch immer davon erzählt.

Alice: *Vielleicht aber hatte ihr Vater die Leezer Mühle auch verloren, weil er sie eigentlich gar nicht weiterführen wollte, sondern viel lieber Förster geworden wäre, oder? Denn das ist etwas, was ich häufig beobachte: Wenn jemand ein Unternehmen nicht aus eigener Motivation heraus übernimmt und keine eigene Vision dafür hat, geht es meist schief. Aber am Ende hat er auf dem Gut Nütschau ja bekommen, was er sich immer gewünscht hat: Er konnte dort als Jäger arbeiten und auch wenn er schon mit 51 Jahren gestorben ist, starb er so, wie er es sich immer gewünscht hat: einen Jäger-Tod.*

Christian: Ja, so hatte Mutter ihn immer rezitiert: „Und soll ich nicht mehr ein Jäger sein, so scharrt mich unter Laub und Nadeln ein."

Alice: *Wenn Emma mit ihren Eltern schon seit ungefähr 1914 auf Gut Nütschau lebte, hat sie deinen Vater Heinrich und deinen Opa Bernhard ja direkt beim Kauf kennengelernt 1918, oder?*

Christian: Ja, das kann sein. Bernhard und Elfriede haben Nütschau als Alterswohnsitz und Kapitalanlage gekauft. Es liegt nur 30 Kilometer westlich von Lübeck in der Nähe von Bad Oldesloe. Mein Vater zog nach der Hochzeit mit Ruth in das Kavaliershaus in Nütschau. Er war Gutsinspektor für seinen Vater und sein Pächter.

Alice: *Vielleicht hatten sie es aber auch gekauft, um sich landwirtschaftlich selbst zu versorgen. Nach dem Krieg versuchten das ja viele aufgrund der Lebensmittelknappheit.*

Christian: Auch möglich.

Alice: *Kam Heinrichs erste Frau Ruth aus ähnlichen Verhältnissen wie Emma?*

Christian: Nein, sie kam aus gutbürgerlichen Verhältnissen. Ihr Vater war Regierungsbaumeister und Architekturprofessor an der TU Braunschweig. Mein Großvater Bernhard lud ihn oft zur Jagd auf Gut Nütschau ein.

Alice: *Und dann brachte er sicherlich mal seine Tochter Ruth mit und so lernte sie deinen Vater kennen?*

Christian: Gewiss! Meine Mutter arbeitete zu der Zeit auch auf Gut Nütschau, als Wirtschafterin. Sie hatte einen Freund, den sie aber nicht heiraten durfte, wegen des Standesunterschieds, sein Vater war ein Professor. Meinen Vater lernte sie dort kennen, denn er war ja Schlossherr auf dem Gut. Zusammen gekommen sind sie aber erst später. Nach dem Scheitern ihrer ersten Beziehung mit dem Professorensohn war es für meine Mutter eine Genugtuung, als sie den Chef des Drägerwerks heiratete.

Alice: *Bei meiner französischen Oma war es ähnlich. Ihr Vater war Feuerwehrmann in Reims gewesen, das hatte ich ja bereits erzählt. Sie wollte meinen Opa heiraten, aber das ging nicht, weil seine Eltern ihm verboten hatten, eine Frau aus der Arbeiterklasse zu heiraten. Mein Opa kam aus einer erfolgreichen Unternehmerfamilie und gehörte zur Bourgeoisie von Lyon. Für ihn war eigentlich bereits eine Frau aus gleichen Kreisen ausgewählt. Also genau der gleiche Grund wie bei deiner Mutter. Meine Großeltern haben jedoch nie geheiratet. Ich glaube aber, dass es sowohl bei deiner Mutter als auch bei meiner Oma nicht nur der Wunsch war, einen reichen Mann zu heiraten, sondern der Wunsch nach intellektuellem Austausch. Für Frauen war es damals noch schwierig, gute Bildung zu erlangen, insbesondere wenn sie aus Arbeiterfamilien kamen. Es ist ja sogar heute noch statistisch bewiesen, dass Kinder aus Arbeiterfamilien seltener studieren als Kinder aus Akademikerfamilien.*

Ich kann mir gut vorstellen, dass deine Mutter nicht wegen des Geldes oder des gesellschaftlichen Rufs mit einem Professor zusammen war. Als sie ihn dann nicht heiraten durfte, wurde ihr nicht nur der Weg zu Bildung verwehrt, sondern auch in gewisser Weise der Umgang mit intelligenten Menschen. Als intelligenter Mensch ist man sowieso häufig einsam. Viele Gedanken oder Witze verstehen andere gar nicht. Was man selbst lustig findet, findet sonst keiner lustig. Und dann ist es schon ein Riesenglück, wenn man überhaupt Leute findet, die einen verstehen und so ticken wie man selbst. Und dann kommt der Gesellschaftsstatus einem noch dazwischen! Ich habe übrigens eine Stelle in dem Buch deiner Mutter gefunden, die mich an meine Mutter denken ließ, denn sie war auch sehr neugierig, aber als Bücherwurm war sie nicht gern gesehen im Arbeiterumfeld. Moment mal ... Hier ist die Stelle:

„An meinem 15. Geburtstag schenkte mir der Kutscher, der die Schulkinder täglich nach Oldesloe zur Schule fuhr, das Buch „Leben", einen preisgekrönten Münchener Roman. Dieses Buch las ich nun sehr wissbegierig. Mein Vater sagte: „Was liest du denn da?", ich schüchtern: „Das habe ich geschenkt bekommen." Dann sagte er böse: „Was bildet sich dieser Lakai denn ein!", und nahm das Buch mit. Später fand ich es wieder, las es dann heimlich oben beim Bettenmachen, so dass meine Mutter fragte: „Wie lange brauchst du eigentlich zum Bettenmachen?", und dabei war das Buch wirklich harmlos."

Meine Mutter wurde für ihre Neugier und Wissbegierde ähnlich bestraft. Und deine Mutter war also 31 Jahre alt, als sie dich bekam. Wenn eine Frau damals mit 25 nicht spätestens verheiratet war, wurde sie schon schief angeschaut. Eine Frau, die dem Idealbild der liebevollen Ehefrau und Mutter nicht gerecht wurde, brachte in der Wahrnehmung ihrer Zeitgenossen das gesamte soziale Gefüge ins Wanken und stand deshalb am Rande der Gesellschaft. Und durch die Nazis wurde das Frauenbild leider auch nicht verbessert.

Christian: Ja, da hast du recht, für Frauen war das damals nicht einfach. Aber meine

Mutter war immer sehr stolz. Sie war stolz darauf, aus einer Schleswig-Holsteinischen Bauernfamilie zu stammen.

Alice: *Wie war es denn mit Elfriede und Bernhard? War es für sie in Ordnung, dass dein Vater die ehemalige Wirtschafterin von Gut Nütschau heiratete?*

Christian: Das weiß ich nicht. Mein Großvater lebte ja nicht mehr, als sie zusammenkamen. Aber falls es für Elfriede ein Problem gewesen wäre, dann habe ich davon nichts gemerkt. Bei unserer Omi waren wir alle immer herzlich willkommen. Manchmal trafen sich alle elf Kinder bei ihr auf dem Finkenberg. Wir spielten gerne gemeinsam im Garten.

Alice: *Hast du seit deiner Geburt von deinen Halbgeschwistern aus der ersten Ehe deines Vaters gewusst?*

Christian: Ich habe erst später erfahren, dass es auch Kinder aus der Ehe vorher gab. Es muss so kurz vor Ende des Krieges gewesen sein. Ich fand einmal einen Brief meines ältesten Bruders Wolf, er war damals noch Soldat gewesen. Der Brief begann mit „Lieber Vater ...", das hat mich sehr verwundert. Denn mein Vater hatte uns nie erzählt, dass er noch andere Kinder hatte. Also kannte ich Wolf anfangs überhaupt nicht. Aber er war später ein sehr lieber Bruder, der viel für mich getan hat.

Alice: *In eurem Ahnenbuch steht, dass er später sogar seinen Sohn nach dir benannt hat, es gibt also noch einen zweiten Christian Dräger. Wie war es denn für dich, als dein Vater 1947 Lisa heiratete und sich von deiner Mutter getrennt hatte?*

Christian: Das habe ich gar nicht so mitbekommen. Zu dieser Zeit lebte meine Großmutter noch. Ich besuchte sie regelmäßig in Lübeck und eines Tages war dann Lisa da.

Alice: *War dein Vater dann weniger bei euch?*

Christian: Er war zwar nicht mehr jedes Wochenende da, aber häufig.

Alice: *Hast du viel Kontakt zu den Kindern von Lisa gehabt?*

Christian: Ich habe mit den kleinen Geschwistern gespielt und ihnen Fahrradfahren beigebracht. Es war ein ganz normales Verhältnis zu ihnen.

Alice: *Wie hast du dich mit Lisa verstanden? Sie war doch gar nicht so viel älter als du?*

Christian: Sie führte den Haushalt meines Vaters ganz ordentlich, nachdem sie bei ihm in die Villa eingezogen war.

Alice: *Ach ja, stimmt. Ruth hatte ja mit ihm auf Gut Nütschau gelebt und deine Mutter in Berlin. Deine Mutter hat in ihrer Biografie kein einziges Mal das Näherkommen mit deinem Vater auf Gut Nütschau erwähnt, nur dass er dort mit Ruth gelebt hat und dass sie 1929 wegzog, als der Großteil des Gutes verkauft wurde und sie dort nicht weiter arbeiten konnte für Ruth und Heinrich.*

Christian: Lisa war ja technische Zeichnerin im Drägerwerk und hat aufgehört zu arbeiten, als sie meinen Vater geheiratet hat. Im Werk hatte sie nichts zu sagen, da hat mein Vater drauf geachtet. Das wollte er nicht. Er wollte niemand haben, der ihm reinredet, was er zu tun oder zu lassen hat.

Alice: *Denkst du, dass dein Vater so etwas wie ein Frauenheld war?*

Christian: Nein. Er hatte viel eher Angst vor den Russen und wollte seine Familie schützen. Er war überzeugt, Stalin wollte die Weltherrschaft erringen und es dauert nicht mehr lange, bis die Sowjets über ganz Europa herrschen. Er sagte: „Meine Aufgabe ist es, das Drägerwerk zu erhalten und auch die Familie." Er brauchte mehr Kinder, damit die Sicherheit vergrößert wird, dass die Familie überlebt. Deshalb kaufte er auch Grundstücke in Kanada und anderswo im Ausland.

Alice: *Heinrich hatte also schon Grundstücke in Kanada gekauft, um auszuwandern ...?*

Christian: Nicht um auszuwandern, sondern um seinen Kindern etwas geben zu können, damit sie eine Existenzgrundlage haben und auch existieren können, falls die Russen in Europa einfallen würden. Und da hatte er in Kanada eigene Grundstücke für seine Kinder, damit die Drägers überleben können. Er hatte eine Beziehung zur eigenen Scholle, war selbst promovierter Landwirt, und hat Wert darauf-gelegt, dass einer meiner Brüder einen Hof übernimmt, damit die Familie immer was zu essen hat. Wenn nicht hierzulande, dann eben weit weg von der russischen Gefahr. Dafür hat er auch in Brasilien sehr früh einen Drägerwerk-Ableger gegründet. Damit die Familie zur Not dort weitermachen konnte. Dort wurde auch einer meiner Brüder als Chef eingesetzt.

Alice: *Das ist ja interessant.*

Vorbereitungen zur Übernahme
Das Drägerwerk – ein Spielplatz?

Alice: *Also Christian, du hattest ja schon erzählt, ohne mit dir darüber zu reden, hat dein Vater entschieden, dass du das Unternehmen weiterführen sollst. Was wäre denn gewesen, wenn du „Nein" gesagt hättest? Es wäre doch klüger gewesen, es vorher mit dir zu besprechen. Bestand das Risiko, dass du ablehnst? Hattest du mal überlegt, was anderes zu machen?*

Christian: Das war eine andere Zeit. Wenn der Vater Bäcker war, wurde der Sohn es auch. So war das damals.

Alice: *Du hast also den Willen deines Vaters einfach angenommen? Woher wusste er, dass du der richtige wärest?*

Christian: Ja, den habe ich angenommen. Ich war mit dem Unternehmen seit meiner Kindheit vertraut, weil ich in den Ferien regelmäßig bei meiner Großmutter Elfriede war. Ich habe dann wie gesagt – teils aus Interesse, teils um ein bisschen Geld zu verdienen – im Drägerwerk gearbeitet. Ich war in der Tischlerei, weil ich mich zu Hause gerne mit Tischlerarbeiten beschäftigt hatte. Da muss ich um die 14 Jahre alt gewesen sein. Ich weiß noch genau, was ich damals gemacht habe. Das kann ich heute gar nicht mehr, weil diese Technik auch verloren gegangen ist: Kästen bauen mit verzinkten Ecken. Wenn die Meister und Werkstattleiter der verschiedenen Bereiche einmal im Jahr einen Ausflug machten, durfte ich immer mitfahren. Deshalb war es für mich auch kein großer Schritt, als ich von der Holzbearbeitung zur Metallverarbeitung wechselte, ich kannte ja alle schon. Um 1950 hatte ich den Ehrgeiz, in meiner Bastelstube eine elektrische Eisenbahn zu bauen. Ich erinnere mich, dass ich dafür auch in der Elektrowerkstatt gearbeitet habe, weil ich einen Trafo brauchte; den bekam man nämlich nirgendwo zu dieser Zeit, den musste man selber bauen. Das Fundament dafür kam aus Heeresrestbeständen. Ich hatte für den Antrieb der Eisenbahn einen Scheibenwischermotor, der noch gut funktionierte. Den Trafo mit 12 Volt dafür musste ich mir dann selbst bauen.

Alice: *Du warst also ein Tüftler. Ich fand das auch immer interessant, sich selbst Dinge zusammenzubauen. Ich habe beispielsweise für mein Motorrad mal eine Alarmanlage selbst gelötet. Ich hatte das Glück, dass mein Vater als Kommunikationselektroniker einen Lötkolben zuhause hatte.*

Christian: Das ist auch außergewöhnlich. Meine Erfahrung in der Werkstatt würde man heute einfach beschreiben mit: Learning by Doing! Nichts anderes.

Alice: *Also war das Drägerwerk ein riesiger Spielplatz für dich?*

Christian: Ja. Mir war damals nicht bewusst, was das Drägerwerk eigentlich ist. Ich wusste nur, dass es das gab und für mich eben verschiedene Möglichkeiten offenstanden – das war das Interessante.

Alice: *Ging es dir um den innovativen Gedanken? Also etwas Neues zu schaffen?*

Christian: Nein, etwas Neues zu schaffen, das wäre mir nie über die Lippen gekommen. Mir ging es darum, einfach das zu basteln, was ich gerne basteln wollte.

Alice: *(Lacht) Du Spielkind! Aber ich kann dich nur zu gut verstehen! Ich glaube, ich hätte genauso reagiert wie du! Löten und Basteln macht einfach Spaß! An Unternehmensnachfolge hast du aber kein einziges Mal gedacht?*

Christian: Nicht wirklich. Und den Rest habe ich ja schon erzählt.

Alice: *Hattest du denn nie Angst vor dieser Aufgabe den väterlichen Betrieb zu übernehmen? Angst vor all dieser Verantwortung?*

Christian: Nein, das Wort Verantwortung existierte bei mir gar nicht so. Ich habe niemals groß drüber nachgedacht. Der erste Schritt von meinem Vater mich nach Schwenningen zu schicken in die Feinmechaniker-Schule war für mich ein großer Glücksfall. So war es für mich später auch ein Glücksfall, das Unternehmen weiterführen zu dürfen.

Alice: *Warum hast du nie groß darüber nachgedacht?*

Christian: Ja, warum? Wenn etwas nicht existiert, dann fragst du nicht, warum es nicht existiert!

Alice: *Hast du als Kind nie Verantwortung übernehmen müssen?*

Christian: Bei den Basteleien hatte ich immer nur Verantwortung mir selbst gegenüber.

Alice: *Insofern wusstest du gar nicht, was da auf dich zukommen würde, wenn du so einen großen Konzern übernehmen würdest?*

Christian: Ich wusste nicht, was Verantwortung ist. Es sei denn in so Minibereichen, wenn ich von der Mutter Aufgaben kriegte, die ich dann auch erledigt habe. Meine Mutter war sehr selbständig und stolz. Dass man so einem Jungen Verantwortung überträgt, das gab's ja nur insofern, dass ich die Aufgabe hatte, das Holz oder Torf, das angeliefert wurde, schön zu stapeln. Sowas!

Alice: *Hast du dich gefreut, das Unternehmen weiterzuführen?*

Christian: Das war irgendwie selbstverständlich. Wie gesagt, ich habe nie darüber nachgedacht, sondern Vaters Willen einfach akzeptiert. Die Akzeptanz, meine Stellung in der Familie ... ich hätte mir schlecht vorstellen können zu sagen: „Ne, damit möchte ich gar nichts zu tun haben, ich will lieber Musiker werden." Denn ich war auch ein schlechter Musiker, und mit Malerei war das auch nichts.

Alice: *Insofern war es für dich klar, dass du es übernehmen würdest, weil du sonst auch nichts anderes vorhattest im Berufsleben?*

Christian: Ja! Wenn man in der Oberschule ist, macht man sich nur Gedanken um die Versetzung. Ich habe mir keine Gedanken darum gemacht, was ich später mache. Ich habe immer nur gedacht: „Jetzt passt du erst mal auf, dass du diese Mathearbeit hinter dich bringst und dann schaffst du vielleicht auch die Versetzung."

Alice: *Hast du denn niemals ein Praktikum woanders gemacht?*

Christian: Ja, früher hatte ich gedacht: „Jetzt machst du erstmal Abitur und dann guckst du mal nach, was du danach machst!" Und dann wäre vielleicht herausgekommen, dass ich Theologie studiert hätte. Aber nicht, weil ich eine Eins in Religion hatte. Es kam bloß, weil die Lehrerin mich so gut leiden und weil ich so gut auswendig lernen konnte. Ich war ein mittelmäßiger Schüler, habe mir da nicht viele Gedanken gemacht.

Alice: *Du hattest ja schon am Anfang erzählt, dass du mit 17 Jahren bereits Anteile des Unternehmens überschrieben bekommen hast. Dann warst du doch eigentlich gar nicht mehr so frei „erstmal Abi zu machen und dann zu schauen". Eigentlich war doch da für dich schon klar, dass du das Unternehmen übernehmen wirst, oder?*

Christian: Die Übertragung der Anteile hatte ich gar nicht so bewusst mitbekommen. Ich freute mich einfach nur auf die Ausbildung, dass ich jetzt endlich richtiges Werkzeug hatte.

Ausbildung als Feinmechaniker und Studium

Alice: *Du hattest vorhin schon von deiner Feinmechaniker-Lehre berichtet. Wie war das?*

Christian: Sehr interessant. Ich habe nie mehr so viel am Stück gelernt, wie in den drei Lehrjahren. Das erforderte allerdings auch viel Disziplin.

Alice: *Aber ich dachte, du hättest später noch studiert. Hast du da nicht noch mehr gelernt als in der Ausbildung?*

Christian: Nein. Feinmechanik ist sehr anspruchsvoll, das wird nicht langweilig. Davor habe ich großen Respekt, denn mit Basteltechniken geht das alles nicht. Das ist etwas ganz anderes. Da wird alles ganz präzise ge- und vermessen. Jeder, der das Metier kennt, weiß: Ein Zehntel Millimeter, das sieht man schon gegen das Licht, das darf nicht sein! Ich weiß noch: Der erste Meister, den ich hatte und sehr schätzte, kam mit dem Winkelmaß und hielt es an die Fläche, die ich gerade gefeilt hatte, um zu prüfen, ob es schön eben ist. Oft sagte er: „Ha, Jüngling, da kaanscht ja noch a Pelzkapp durchwerfe."

Alice: *(Lacht) Den schwäbischen Dialekt hast du dort auf jeden Fall gut gelernt! Hut ab! Ob Plattdeutsch oder Schwäbisch ... das liegt dir wie ein Muttersprachler. Wie war das eigentlich für dich mit 17 Jahren alleine zu wohnen und so weit weg von deinen Eltern?*

Christian: Ich hatte das große Glück, eine sehr liebenswürdige Wirtin gefunden zu haben. Sie hat mich betreut wie eine Mutter. Die beiden Söhne, die sie hatte, wurden für mich echte Freunde. Wir haben heute noch Kontakt. Ich war dort wirklich gut aufgehoben. Den Kontakt zu meinen Eltern unterhielt ich hauptsächlich brieflich. Für meine Mutter schrieb ich viel zu wenig, und zu meinem Vater hatte ich irgendwie ein anderes Verhältnis. Er hat nie gesagt: „Schreib mal wieder!".
Er war froh, wenn er selber nicht schreiben musste. Nach Lübeck bin ich eigentlich nur über Weihnachten gefahren und dann grundsätzlich nachts. So habe ich einen Tag gespart. Die Schlafwagen waren Luxus, also bin ich immer dritte Klasse gefahren.

Alice: *Dritte Klasse gab es damals?*

Christian: Ja, gab es noch, mit einfachen Holzbänken. Das war ich so gewohnt, das war irgendwie selbstverständlich. Schon mein Großvater Bernhard sagte immer: Ich fahre nur in der dritten Klasse, weil es keine vierte gibt. Im Sommer wollte ich stets mit meinen Freunden unterwegs sein, auf großen Wanderungen, mir gefielen die Berge. Mein Interesse am Wandern ging auch vom Schwarzwaldverein aus. Die Ostsee fehlte mir nicht. Mein Hauptvergnügen war und ist bis heute das Wandern.

Alice: *Als dein Vater sich für dich als Unternehmensnachfolger entschieden hat, gab es dann besonderen Druck, musstest du dich in der Ausbildung stärker anstrengen oder Ähnliches?*

Christian: Nein, Druck von meinem Vater habe ich nicht gespürt – obwohl er im Hintergrund etwas Regie führte. Es war selbstverständlich, dass wir machen konnten, was wir wollten. Das ist wohl eine Familieneigenschaft.

Alice: *Und wie kam es dann, dass du doch noch dein Abitur nachgeholt hast?*

Christian: Mit der Zeit hatte ich Lust bekommen, das Abitur noch zu machen. Mein Vater wollte es ohnehin ganz gerne. Allerdings wollte ich nicht weg aus Schwenningen, nicht weg von meinen neuen Freunden. So durfte ich das Abitur in Schwenningen machen. Mein Vater muss das irgendwie vermittelt haben über den Rektor des dortigen Gymnasiums. Und bei dem Rektor konnte ich, weil mich das auch interessierte, Mathematiknachhilfe nehmen, damit ich da auf dem Laufenden blieb. Ich bekam Einzelunterricht, da ich ja nach der mittleren Reife abgegangen bin und dann innerhalb von einem Jahr das Abitur nachholte. Mir fehlten also zwei Jahre der Oberstufe.

Alice: *Dann hast du sozusagen zwei Klassen übersprungen?*

Christian: Ja, deshalb brauchte ich nicht nur in Mathe Nachhilfe, sondern auch in Sprachen. Die anderen hatten acht Jahre Französisch gelernt, was ich vorher nie gelernt hatte. Aber wie man so ist, mit 19 oder 20 – da sagt man sich: Das muss doch hinzukriegen sein! Da macht man sich keine großen Gedanken.

Alice: *Cool, so kamst du also gezwungenermaßen zum Französisch.*

Christian: Ja. Und obwohl ich zwei Klassen der Oberstufe übersprungen hatte und acht Jahre Französisch nachholen musste, war ich dann sogar leicht über dem Durchschnitt.

Alice: *Wow! Also war das sinnvoll, die Schule schon nach der mittleren Reife zu verlassen und erst mal eine Ausbildung zu machen! Danach scheinst du ja viel motivierter gewesen zu sein, das Abitur zu absolvieren. Und dann hast du mal eben so nebenbei acht Jahre Französisch nachgeholt? Das ist ja keine einfache Sprache.*

Christian: ... außer für Kinder wie dich, die mit der Sprache aufgewachsen sind. Nein, das war nicht mal eben gemacht. Durch Sprachkurse in Frankreich entstand dann auch der Wunsch, mal in Burgund wandern zu gehen und der erfüllte sich fünfzig Jahre später mit meiner Frau.

Alice: *Cool, du bist also auch ein Traum-Umsetzer! Nicht nur ein Träumer! Und hast du das Abitur in Schwenningen geschafft?*

Christian: Ja und ich habe in Schwenningen sehr viel gelernt, auch in diesem einen Jahr in der Schule. Bis heute ist davon noch viel hängengeblieben. Wir hatten vor geraumer Zeit 60-jähriges Abi-Treffen. Unsere Klasse bestand aus 16 Schülern, es war also eine kleine Klasse. Unser Klassenlehrer war Erhard Eppler, er war gerade mal neun Jahre älter als ich. Er hat mich auch geprägt.

Alice: *Von Erhard Eppler habe ich schon mal gehört. Wer war das noch mal?*

Christian: Er war etwa ab Anfang der 1970er-Jahre Minister für wirtschaftliche Zusammenarbeit. Und aus unserer Klasse entsprang sogar ein Staatsminister der Helmut Schmidt Regierung, nämlich Gunter Huonker. Seine Frau lernte er auch in unserer Klasse kennen. Einer von uns wurde Professor und fünf wurden Doktoren. Das ist ein enormer Prozentsatz. Und da man die Schüler vorher nicht aussuchen konnte, spricht vieles dafür, dass die schulische Erziehung dazu beitrug, dass die Schüler im Leben sehr weit kamen.

Alice: *(Lacht) Ja, da spricht viel dafür, du hast recht. Mir ging es auch so, ich hatte ja schon von meinem Waldorf-Klassenlehrer erzählt, der uns sehr geprägt hat. Und wie war es eigentlich als Norddeutscher in den Süden zu kommen? Hattest du Schwierigkeiten?*

Christian: Das Leben in Baden-Württemberg habe ich nicht als Umstellung empfunden, aber die Sprache! Ich fand ziemlich schnell Anschluss an die Jugendgruppe des dortigen Schwarzwaldvereins. Doch anfangs, wenn wir etwa nach einer Wanderung noch beim Bier zusammensaßen, habe ich nicht mitbekommen, worüber sich meine neuen Freunde unterhielten. Als ich einmal mit dem Fahrrad unterwegs war, wollte ich in einer Gaststätte nach dem Weg fragen. Ich fragte ein junges Mädchen am Tisch: „Kannst du mir sagen, wie ich zurück nach Schwenningen komme?" Daraufhin sagte sie: „S'ischt eppa da!" Daraufhin ich: „Entschuldige, ich habe dich nicht ganz verstanden. Wo geht es da genau lang?" Aber das Mädchen hatte mir nicht geantwortet, sondern nur ihrer Mutter im Nebenzimmer zugerufen: „Es ist jemand da!"

Alice: *Und dann bist du insgesamt vier Jahre in Schwenningen geblieben, richtig? Von*

1952 bis 1955 die Feinmechaniker-Lehre und 1956 noch das Abitur nachgeholt?

Christian: Genau. Und nach dem Besuch der Oberprima bin ich dann 1956 nach München und später noch nach Wien zum Studieren gegangen. Die vier Jahre in Schwenningen haben mich sehr geprägt. Ich wollte weiterhin in Süddeutschland leben, weil ich dachte: „Du musst nachher noch lange genug da oben leben!" Deshalb bin ich dahin gegangen, in die beiden am weitesten von Lübeck entfernten deutschsprachigen Universitäten.

Alice: *Was hast du dann studiert? Ingenieurwissenschaften?*

Christian: Im Studium hatte ich mich trotz meiner Bastelleidenschaft und Lehre für Betriebswirtschaftslehre entschieden. Ich wollte das studieren, von dem ich nachher am meisten profitieren konnte. Als Nebenfach hatte ich Wirtschaftsgeschichte und hab dann als Diplomkaufmann abgeschlossen.

Alice: *Wirtschaftsgeschichte hört sich sehr interessant an. Ich finde ja generell, dass wir das Fach Geschichte überhaupt nicht ernst genug nehmen, denn viele Fehler, die unsere Vorfahren gemacht haben, bräuchten wir EIGENTLICH nicht wiederholen.*

Christian: Interessant war es schon. Ich habe Wirtschaftsgeschichte gehört, unter Friedrich Lütge, Krisen waren ein Thema. Zum Beispiel: Mit welchen Mitteln haben die deutschen Regierungen nach dem Dreißigjährigen Krieg die Auswirkungen bekämpft? Ein anderes Thema war die Stadtwerdung am unteren Niederrhein – von Köln ausgehend. Rein historische Themen, aber eben der wirtschaftliche

Teil davon. Im Schulfach Geschichte gab es zwar SchLachten und Kriege und was da alles eine Rolle spielte, aber niemals, unter welchen Bedingungen man damals arbeiten musste.

Alice: *Ich bin am Niederrhein groß geworden und war oft im archäologischen Park in Xanten. Man konnte nachempfinden, wie die Menschen damals gelebt haben. Besonders lustig war es, etwas über die Sexorgien der Römer zu erfahren.*

Christian: Ja, aber das galt hauptsächlich für die Reichen und den Adel. Unsere deutschen Vorfahren mussten zum Teil ihre Felder nachts beim Mondschein pflügen.

Der Weg zur Übernahme

Alice: *Wirtschaft ist leider häufig nicht zu trennen von dem Wort „Ausnutzung". Das war damals nicht anders als heute. Du bist also schon vor deinem Studium stiller Gesellschafter der OHG geworden, aber ohne so richtig zu begreifen, was das eigentlich bedeutet. Wann wurde es offiziell, dass du der Nachfolger im Drägerwerk wirst?*

Christian: Es gab ein großes Richtfest wegen des Neubaus der Dreherei, ich muss 22 Jahre alt gewesen sein. Diese Feste wurden noch nach alter Sitte gefeiert, mit Richtkranz und tollem Essen. Es gab Schweinebacke, also ein richtig schönes fettiges Essen – und natürlich Bier. Und dann wurde noch gesungen. Und bei diesem Fest sagte mein Vater zu seinen Angestellten: „Ich freue mich auch, dass mein Sohn Christian heute unter uns ist. Der soll in Zukunft dafür sorgen, dass wir immer genügend Aufträge haben." Mehr nicht. Damit war alles geregelt. Das war für mich keine große Überraschung. Ich hatte immer das Gefühl, dass das so sei, aber wir haben nie darüber gesprochen im Sinne von: „Ich möchte, dass du das machst". Jetzt hörten das die Mitarbeiter, und so war ich als künftiger Nachfolger installiert.

Alice: *(Schüttelt den Kopf) Das ist echt erstaunlich. Ich hätte mir tausend Gedanken darum gemacht, ich hätte Angst gehabt, das nicht zu schaffen, ich hätte Angst gehabt vor all der Verantwortung. Und ich hätte Angst gehabt, ein schlechter Chef zu sein.*

Christian: (Schüttelt den Kopf) Nein, bei mir war das anders.

Alice: *Warum entschied sich dein Vater eigentlich für dich?*

Christian: Mein ältester Bruder Wolf hatte schnell klargestellt, dass er das nicht möchte. Er ist Bauingenieur geworden. Theo wiederum war ja jünger als ich, er ist 1938 geboren und er hatte eher historische Interessen. Eigentlich sollte bei uns auch Wolf der Nachfolger werden. Er hat nach dem Krieg eine Feinmechaniker-Lehre absolviert und wurde von meinem Vater nach Brasilien geschickt, um dort als Geschäftsführer in der Tochterfirma des Drägerwerks zu arbeiten. Das gefiel Wolf aber nicht und er hat sich damals gegen eine Nachfolge entschieden. Also war ich der Nächste in der Reihe.

Alice: *Interessant! Du warst also der Zweitälteste! Dann war es aber weder Elfriede noch dein Vater, die dich wegen deines handwerklichen Interesses auswählten, wie du ganz am Anfang erzählt hattest, sondern einfach nur, weil du in der Reihenfolge der Söhne der nächste warst.*

Christian: Das kann natürlich auch sein. Daran habe ich noch nicht gedacht. Ich dachte immer, Theo wäre ja auch in Frage gekommen. Ich war dann der nächste und habe mich für technische Dinge interessiert, also passte das doch. Theo hat sich nicht für Bastelarbeiten begeistert. Er ist dann später aber doch als Vorstand mit in das Drägerwerk gekommen.

Alice: *Und wann hast du dann offiziell die Leitung übernommen?*

Christian: 1961 war das; nach meinem Studium.

Alice: *Wie groß wart ihr denn damals?*

Christian: Etwa 3.000 Mitarbeiter glaube ich.

Alice: *War es etwas Neues für dich, als du dort richtig anfingst? Also ein Nine-to-five-Job und nicht mehr „mal kurz in der Werkstatt arbeiten"?*

Christian: Nein, ich habe eigentlich nichts Überraschendes vorgefunden. Ich kannte das Unternehmen ja und auch viele Mitarbeiter durch meine Werkstattarbeit.

Alice: *Hast du aus deinem Studium der Wirtschaftsgeschichte etwas mitnehmen können? Hast du Fehler in der Vergangenheit gesehen, die dir dadurch erspart blieben?*

Christian: Für die unternehmerische Praxis habe ich damals nichts gelernt. Gar nichts. Die einzige Frage, die ich mir stellte, war: Brauch ich das für das Examen? Ich wollte es bestehen, möglichst mit einer Note, die mich zur Promotion befähigte – was gar nicht so leicht war. Dafür brauchte man auch Glück. Also insgesamt kann ich sagen: Von dem, was ich an der Uni gelernt hab, habe ich nicht viel gebrauchen können. Die Feinmechaniker-Lehre hat mir viel mehr gebracht, auch für die Führung des Unternehmens. Die Schwenninger Zeiten waren überhaupt die besten und prägendsten meines Lebens.

Alice: *Über das Studium habe ich schon häufig so etwas gehört. Eine Bekannte sagte, dass sie völlig überfordert war mit der Aufgabe, das Unternehmen ihres Vaters zu übernehmen. Das Studium hatte ihr da gar nicht geholfen, aber ein späteres Management-Seminar hat ihr all das gelehrt, was sie zur Führung brauchte. Ich glaube das Thema „Psychologie" und „Menschenführung" wird im BWL- wie auch im Lehramt-Studium viel zu kleingeschrieben. Was würdest du denn rückblickend auf deine Ausbildung jungen Menschen empfehlen zu studieren, die ein Unternehmen leiten möchten oder das Unternehmen von den Eltern erben?*

Christian: Erst mal eine Lehre machen, in der man auch praktisch gefordert ist.

Alice: *Also du würdest von einem direkten Studium abraten? Hier in Lübeck kann man ja zum Beispiel Entrepreneurship studieren.*

Christian: Die praktische Erfahrung ist nicht zu ersetzen. Unternehmertum kann man nicht als Lehrfach erlernen. Aber wenn man zum Beispiel Assistent von einem Unternehmensleiter wird und immer sieht, wie er das macht, kann man da sehr viel lernen. Das wird aber nicht auf der Uni gelehrt.

Alice: *Die Idee find ich gut.*

Dissertation

Alice: *Wenn du schon sagst, dass die Uni dir nicht viel gebracht hat, warum hast du dich noch entschieden zu promovieren?*

Christian: Wenn man einen Doktortitel hatte, war man ein bisschen höher angesehen. Inzwischen hat sich das ja geändert. Aber damals war es so. Als Doktor war man etwas „Besseres". Und ein weiteres Motiv gab es bestimmt: Mein Vater war Doktor, mein Großvater war Doktor und wenn ich, als Nachfolger kein Doktor bin, dann wäre ich weniger als sie, dachte ich.

Alice: *Also eine akademische Karriere aus Pflichtgefühl.*

Christian: Ja, so kann man das nennen. Ich fand einen Freund, der mir sagte, worauf es im Examen ankam und was der Professor hören wollte. Wenn ich den Freund nicht gehabt hätte, hätte ich vermutlich nicht mit einer Promotionsnote bestanden.

Alice: *Ehrgeizig warst du also auch? Obwohl du anfangs nur ein Handwerkslehrling warst.*

Christian: Ja, ich sagte mir: Wenn du schon das Prädikatsexamen hast, dann machst du auch den Doktor. Der Weg vom Handwerkslehrling zur Promotion war damals ganz unüblich, den gab es praktisch nicht. Das Thema meiner Promotion „Der angemessene kalkulatorische Gewinn bei öffentlichen Aufträgen" hing damit zusammen, dass ich in den Ferien immer hier in Lübeck gearbeitet habe, an verschiedenen Stellen. Auch in der Kalkulation. Und passend zu meinem Thema hatten wir damals einen ganz ausgezeichneten Mann beschäftigt, er war Ostpreuße und einst Chefkalkulator auf der Danziger Werft gewesen. Von ihm habe ich unglaublich viel gelernt. Gerade über das Metier der öffentlichen Aufträge. Das Thema meiner Arbeit kannte ich also aus der Praxis. Oft war ich auch beim Bundesamt für Wehrtechnik und Beschaffung, wenn es um Preise ging. 6,5 Prozent von den Selbstkosten waren in meiner Doktorarbeit der kalkulatorische Gewinn, der Unternehmerlohn war darin bereits enthalten. Dieser Gewinn wurde damals einfach von der Behörde festgelegt. Punkt. Und das wussten die Kalkulatoren. Aber sie kannten eine Lösung: „Wenn wir noch ein bisschen mehr haben wollten, verursachten sie einfach noch mehr Kosten."

Alice: *Ha, die waren ja ganz raffiniert! In deiner Doktorarbeit hast du also erklärt, wie man an diese höheren Summen herankommt?*

Christian: Nein. Ich kam zu dem Ergebnis, dass es einen angemessenen Gewinn nicht gibt. In diesem Modell fallen die Kräfte des Marktes aus und können nicht durch etwas anderes ersetzt werden. Und so habe ich auf Rat meines Doktorvaters gesagt: Wenn es den „angemessenen Gewinn" nicht gibt, dann muss man etwas anders machen. Ich kann nicht eine Doktorarbeit über etwas schreiben, was es gar nicht gibt, von dem aber behauptet wird, dass es das gäbe. Und so habe ich schließlich über den Mindestgewinn geschrieben.

Alice: *Wann hast du denn die Dissertation geschrieben? Wenn du 1961 das Studium abgeschlossen und direkt im Drägerwerk angefangen hast, muss es ja danach gewesen sein, oder?*

Christian: Ja, 1964 habe ich sie abgeschlossen, als Dr. oec. publ. Aber ich bin mit meiner Doktorarbeit nicht so glücklich geworden, weil sie zu einer Auseinandersetzung zwischen zwei Professoren auf der Münchener Fakultät führte. Sie konnte lange Zeit nicht gedruckt werden. Ich weiß aber weder worüber sie diskutiert haben und worüber sie sich nicht einig waren noch, warum sie so lange nicht gedruckt wurde. Mein Doktorvater hatte den Ruf etwas eigenartig, aber ein hervorragender hoch angesehener Wissenschaftler, zu sein.

Alice: *Bereust du es, so viel Zeit deines Lebens – drei Jahre – in die Doktorarbeit gesteckt zu haben?*

Christian: Bereut habe ich das nicht. Geschrieben habe ich die Doktorarbeit vor allem in Lübeck. Und so haben sich meine Kenntnisse über das Unternehmen vertieft.

Alice: *Ja. Ich lerne auch immer sehr viel, vor allem durch die ganze Recherche, wenn ich Bücher schreibe. Du hast das Beispiel aus deiner eigenen Praxis genutzt. Auch hier wieder Learning by Doing. Du hast also schon weit vor der Coronazeit im Homeoffice gearbeitet, durch die Fernleihe der Lübecker Bibliothek?*

Christian: (Lacht) Ja, so kann man das nennen!

Christian an der Konzernspitze
Die ersten Führungserfahrungen im Unternehmen

Alice: *Christian, bitte erzähl noch etwas mehr über deinen Einstieg im Drägerwerk.*

Christian: Gerne. Wie bereits erwähnt, war mein Eintritt, also der Übergang ganz unspektakulär. Nach meinem Studium sollte ich 1961 die betriebswirtschaftliche Abteilung aufbauen. Es gab die Betriebsabrechnung, die man für die öffentlichen Aufträge brauchte und für die Rechnungen zuständig war. So wurde etwa im Einkauf etwas gemauschelt. Es gab zum Beispiel Altbestände an Kupfer, die nicht verwendet wurden. Dafür wurde neues Material eingekauft. Ich fragte den Kalkulator danach. Der antwortete dann: „Da rühren Sie mal lieber nicht dran, das gibt nur Ärger". So bekam ich allmählich einen immer besseren Einblick. Neugierig war ich zum Glück immer und bin es bis heute. Wir hatten damals aus nostalgischen Gründen Pferde für die Müllentsorgung. Darauf stieß auch das Finanzamt. Es gab in der Kostenrechnung die Position Futtermittel für Pferde. Die Prüfer dachten: Die haben sich so ihren Reitstall finanziert. Aber wir hatten nur Pferde, damit mit deren Hilfe der Müll entsorgt wurde. Also stiegen die ganz tief ein. Für das, was heute Controlling heißt, hatte mein Vater seine Leute. Die machten das alles schon. „Betriebswirtschaft" im Drägerwerk war mehr so eine Art obere Betriebsleitung.

Alice: *Du bist also Stück für Stück in die Strukturen eingestiegen und hast auch einiges aufgedeckt, was nicht so ganz im Sinne des Unternehmens war. Bist du direkt als Führungskraft eingestiegen?*

Christian: Im gewissen Sinne, ja. Aber ich musste noch viel lernen.

Alice: *Wenn du so neugierig warst und schnell hinter Dinge gestiegen bist, die nicht ideal liefen, hast du dir doch sicherlich nicht unbedingt Freunde geschaffen, oder? Du sagtest ja gerade, dass der Kalkulator direkt sagte: „Da rühren Sie mal lieber nicht dran, das gibt nur Ärger". Ich arbeite ja auch speziell mit sehr neugierigen Menschen und da sehe ich immer wieder, dass sie sich in Schwierigkeiten bringen durch ihre Neugier.*

Christian: Nein, im Gegenteil, das kam gut an. Ich blieb natürlich auch im Unternehmen neugierig. Ich wollte alles wissen, erst recht, wie es funktioniert. Und dann bin ich, das habe ich von meinem Vater übernommen, regelmäßig durch die Werkstätten gegangen, um die Nähe zu den Arbeitern zu behalten. Das nannte ich „durch den Betrieb gehen". Erst sehr viel später hat die Betriebswirtschaftslehre dieses Instrument als Beitrag zur Führung in Betrieben erkannt und beschrieben. Es heißt heute „Management by Walking Around". Wenn ich durch die Werkstätten ging, habe ich mit den Mitarbeitern gesprochen. Das hat mir immer großen Spaß gemacht. Was noch hinzukam: Es erinnerte mich an die Zeit, als ich noch selbst an der Drehbank stand. Allein der Geruch von Schmiermitteln, das war eine Jugenderinnerung. So erfuhr ich auch, dass die Mitarbeiter große Stücke auf meinen Vater hielten, ohne Ausnahme.

Alice: *Wurdest du denn von allen akzeptiert?*

Christian: Ich kann mich an einen Oberingenieur als Werkstattleiter erinnern, für den es sowieso nur meinen Vater gab. Selbst als ich schon lange dabei war, hat er mich als Chef nicht wirklich akzeptiert. Ich war für ihn immer noch ein junger Mann. Das hat mich übrigens überhaupt nicht enttäuscht. Damals waren die Werkstattleiter die Leitenden, also die Allerobersten. Und so wurde ich auch erzogen: dass man ihnen Respekt zollt, zumal mich ihre Arbeit wirklich interessierte.

Alice: *Dass dein großes Interesse für die Mitarbeitenden und die Prozesse gut ankam, kann ich sogar bestätigen. Denn ein Freund von mir hat bei euch seine Ausbildung gemacht und sehr positiv von dir erzählt. Er sagte, dass du überall dabei warst, wenn es Feiern gab und dich auch überall eingemischt hast. Als Stefan kam, hatte er Schwierigkeiten und war nicht so begeistert. Insofern ging es deinem Sohn wohl genauso wie dir damals. Der Alte bleibt halt immer der mit mehr Respekt und Anerkennung (grinst). Um mir jetzt aber nochmal genauer vorstellen zu können, wie du so in deine Rolle als späterer Chef hineingeführt wurdest – hast du in allen Abteilungen mal gearbeitet?*

Christian: Ja, im Rechnungswesen zum Beispiel und ich habe auch in der Hauspost gearbeitet. Da ist mir einmal der Telegram-Stil in Erinnerung geblieben. Ich öffnete mal eins, in dem nichts anders stand als: „Rückdrahtet bitte sofort. Wann gedenkt unseren Brief vom 12.09. zu beantworten?" Was ungefähr so viel bedeutet wie: ‚Ich wäre Ihnen sehr verbunden, wenn Sie sich bald melden. Wann darf ich mit Ihrer Antwort auf mein Schreiben vom 12. September rechnen?' Das gibt es ja heute gar nicht mehr. Jedenfalls habe ich verschiedene Abteilungen durchlaufen, das hatte mein Vater so arrangiert. Und der Personalchef hatte ein Auge drauf.

Alice: *Ok, also wie ein Praktikant, der alles mal kennenlernt. Und wie ging es dann weiter?*

Christian: Allmählich stellte sich heraus, dass mein Vater immer weniger Zeit hatte, weil er sich mehr und mehr seinen Büchern widmete. Denn er beschäftigte sich zum Beispiel seit den frühen 1960er verstärkt mit bildungspolitischen Fragestellungen und veröffentlichte verschiedene Publikationen. So kamen die Leute dann einfach zu mir, wenn sie etwas wissen wollten. Ich wusste, wo ich ihnen helfen konnte und welche Entscheidungen ich nicht treffen durfte. Manchmal musste ich sagen: „Da müssen Sie meinen alten Herrn fragen." Gefühlsmäßig war das für mich ein organischer Prozess, dieser Übergang. Das Unternehmen hatte sich gut entwickelt. Und mein Vater hatte eine gute Führungsmannschaft. So konnte er sich aus der Geschäftsführung mehr und mehr zurückziehen. Er konzentrierte sich auf seine Stiftung, die Dräger-Stiftung, die er 1974 gegründet hatte und die du ja schon kennst durch dein Theaterstück. Und dann wusste er wohl das Unternehmen in guten Händen. Nicht sofort, aber nach einiger Zeit.

Alice: *Wann genau wurdet ihr denn eine Aktiengesellschaft?*

Christian: 1970 gründeten wir die Drägerwerk AG, die Aktien blieben aber bis zum Börsengang 1979 vollständig in Familienbesitz. Als mein Bruder Theo zu uns ins Unternehmen kam, haben wir den Börsengang realisiert: um die Möglichkeit zu haben, Investitionen zu tätigen, und unabhängig von der Dresdner Bank zu sein.

Alice: *War das deine Idee?*

Christian: Nein, Theo war hier federführend! Die Umwandlung in eine Aktiengesellschaft war für mich dann der erste Schritt in etwas gänzlich Neues.

Alice: *Ihr wart also neun Jahre zwar eine AG, aber nicht an der Börse? Ich kenn mich noch nicht gut aus mit der Börse, ich dachte nur, wenn man eine AG ist, ist man automatisch auch an der Börse.*

Christian: 1979 gingen wir ausschließlich mit stimmrechtslosen Vorzugsaktien an die Börse, alle Stammaktien blieben in Familienbesitz.

Alice: *Ja, das hab ich gelesen, dass vor allem klassische Familienunternehmen in Deutschland Stammaktien für sich behalten, um weiterhin Entscheidungsfreiheit zu haben und das Mitspracherecht der Aktionäre so gering wie möglich zu halten. Und heute ist die Konstruktion sehr kompliziert, mit eurer Drägerwerk Verwaltungs AG, die persönlich haftende Gesellschafterin der AG & Co. KGaA und der Stefan Dräger GmbH und all dem. Das aA heißt „auf Aktien", ich hab's extra nachgeschlagen.*

Christian: Na, so kompliziert ist es nicht. Aber für uns beide, hier und heute, auch nicht so wichtig.

Alice: *Ja, aber man sieht, was mit einem größer werdenden Unternehmen alles zusammenhängt.*

Christian: Die Hauptversammlungen konnten nach dem Gang an die Börse nicht mehr in einem kleinen Zimmer stattfinden, wie es anfänglich nach Gründung der AG der Fall war. Sie fanden nunmehr in einem großen Saal statt. Mein Vater war in Bezug auf die Hauptversammlungen sehr eigen. Denn es ist ja praktisch Vorschrift, dass der Vorsitzende des Vorstands auf der Hauptversammlung redet. Aber mein Vater sagte: „Das mache ich nicht! Ihr könnt machen, was ihr wollt, aber reden tue ich da nicht!". Und dann musste Prof. Feddersen, der Aufsichtsratsvorsitzende, auf der Hauptversammlung erklären, dass der Vorstandsvorsitzende leider nicht kommen könne. So sagte Feddersen: „Es tut uns sehr leid – Dr. Heinrich Dräger ist erkrankt und kann daher nicht kommen."

Alice: *(Lacht) Das war also die Ausrede, die ihr angebracht habt!*

Christian: Genau, und zwölf Monate später musste Feddersen wieder etwas erfinden. Er sagte diesmal: „Der Vorsitzende hat sich das Bein gebrochen. Lässt herzliche Grüße ausrichten ..." Und so weiter.

Alice: *Ein echter Dickkopf, dein Vater!*

Christian: Ja, das kann man wohl sagen! Es kam das dritte Jahr. Feddersen fragte: „Was machen wir nur, wenn jetzt einer der Aktionäre aufsteht und sagt: ‚Wir lassen uns hier doch nicht an der Nase herumführen, drei Jahre hintereinander!'" Da haben wir dann hin und her überlegt. Und schließlich hat irgendjemand die Idee gehabt, dass Feddersen sagen könnte: „Ja, liebe Aktionäre, wir haben uns eben gedacht: Never change a winning Team! Deshalb bleiben wir beim Gleichen!" Wir waren dann ganz beruhigt, dass wir eine Antwort parat hatten. Es hat allerdings niemand gefragt, offensichtlich wusste es schon jeder, dass mein Vater keine Rede halten würde.

Alice: *Das ist ja eine lustige Geschichte. Und wann wurdest du Vorstandsvorsitzender?*

Christian: 1984.

Alice: *Oh, da hat dich dein Vater 23 Jahre warten lassen, bevor er dir die volle Leitung anvertraute? Das Vertrauen in dich schien nicht sehr groß zu sein!*

Christian: Mein Vater war immer skeptisch und traute Theo und mir nicht so viel zu. Er hat sich auch erst ganz zurückgezogen, nachdem wir noch jemand Älteres für den Vorstand gefunden hatten, Dr. Oetjen, der sozusagen ein Auge auf uns werfen sollte. Von ihm kann ich dir später noch berichten. Unser Vater konnte aber schließlich sehen: Die beiden machen das! Das hörte er ja auch, wenn er mit Mitarbeitern sprach. Die äußerten sich lobend über seine Söhne. Von da an hatte ich faktisch die Leitung. Aber die ganze Kontrolle hat er mir erst 1984 übergeben.

Alice: *Zwei Jahre vor seinem Tod ... unglaublich. Also warst du 27, als du Gesellschafter des Drägerwerk wurdest? Das ist ja ein normales Alter für Firmengründung oder -übernahme. In unserem Lübecker Gründerstammtisch sind auch viele, die wie ich um die 30 sind, wenn sie mit der Selbständigkeit beginnen.*

Christian: Ja, das Alter passte, um miteinzusteigen.

Alice: *Aber erst mit 50 wurdest du Vorstandsvorsitzender! Und wie war deine Beziehung zu deinem Vater?*

Christian: In Ordnung.

Alice: *Aber du hattest auch nicht das Gefühl, eine sehr enge Beziehung zu ihm zu haben?*

Christian: Nein, aber die war so wie es sich gehört. Ich hatte sehr großen Respekt vor ihm.

Alice: *Warum Respekt? Vom Unternehmen hat er ja nicht viel berichtet, oder?*

Christian: Die Frage kann ich nicht beantworten. Ich hatte ihn einfach. Punkt.

Alice: *Häufig ist der Übergang von einer Generation zur nächsten ja mit Konflikten verbunden, wie etwa, dass der Ältere die Kontrolle nicht abgibt und der Nachfolger sogar teilweise das Handtuch wirft, wenn er in allen neuen Denk- und Führungsansätzen gehindert wird. Gab es bei euch da auch Probleme?*

Christian: Zwischen meinem Vater und mir gab es manchmal andere Vorstellungen, aber als Konflikt habe ich das nie gesehen. Ich weiß zum Beispiel noch, dass mein Vater dagegen war, eine Kantine zu bauen. Er meinte, das koste nur Geld, das sei nichts Produktives. Und wir müssten von den Bankschulden runter. Schlussendlich haben wir sie dann doch gebaut – weil er wahrscheinlich von den Mitarbeitern gehört hatte: ‚Ja, das müssen Sie machen, Dr. Dräger – wird so gewünscht von der Belegschaft.'

Alice: *Oh, ihr hattet damals noch Schulden? Durch was und waren es hohe Schulden?*

Christian: Die Bankschulden waren erträglich. Mein Vater hat auch mit großer Freude 1974 die neue Kantine eingeweiht. Und für meinen Bruder Theo war es später einfacher mit meinem Vater. Theo fing ja 1968 bei uns an. Und er hatte einen ganz anderen Blick. Er war ein genialer Finanzmann und konnte unseren

Vater noch besser überzeugen, dass wir dieses und jenes machen sollten. Auch, weil wir die Mittel hatten. Und er konnte ihm die Angst nehmen, dass die Dresdner Bank uns hängen lässt. Das hat sie nie gemacht, aber mein Vater hatte große Angst davor. Nicht nur Furcht, sondern regelrecht Angst. Denn die Bank hatte das Unternehmen mitfinanziert; offensichtlich derart, dass mein Vater und (indirekt auch) ich merkten, dass wir von ihnen abhängig waren. Als ich hier anfing, als junger Mann, da lud die Dresdner Bank zum Beispiel einmal zu einem Herrenabend ein, mit Jürgen Ponto, dem damaligen Vorstandssprecher der Dresdner Bank. Die Veranstaltung fand im Palais Royal, der Villa von Possehl, in Travemünde statt. Ein Smoking war vorgeschrieben. Ich hatte natürlich keinen. Aber in einem Herrenbekleidungsgeschäft wurde mir innerhalb von drei Tagen einer geschneidert. So konnte ich dort im Smoking erscheinen und fiel nicht unangenehm auf.

Alice: *Und da hast du die Anspannung deines Vaters gemerkt? Meinst du, es war schon fast ein traumatisches Erlebnis für ihn?*

Christian: Nein, damals erschien mir das noch nicht traumatisch, soweit war ich da noch nicht. Erst in der Erinnerung. Das war einfach so, dass wir mit dieser Gefahr lebten, dass uns das Geld ausging – und dann von der Dresdner Bank abhängig waren. Wie realistisch das nun war, kann ich nicht beurteilen. Geld und Dresdner Bank, so bin ich erzogen worden, das war für mich eins.

Alice: *Angst ist nicht unbedingt der beste Berater, sondern führt häufig zu Fehlentscheidungen. Wie ist dein Vater mit dieser Angst umgegangen?*

Christian: Aufgrund dieser Angst, von der Bank hängen gelassen zu werden, war sein Hauptunternehmensziel von den Schulden runterzukommen. Wir haben nicht über das Tagesgeschäft oder das Unternehmen als solches gesprochen. Das machte er mit seinen Beratern, Aufsichtsräten etc. Aber da fühlte ich mich auch nicht ausgeschlossen. Er hat uns halt ohne Dr. Oetjen nicht voll vertraut, aber wirklich gestritten haben wir uns nie. Kann aber natürlich auch mein fehlendes Erinnerungsvermögen sein, dass ich mich an keinen Streit mit ihm erinnere.

Alice: *Also im Streit liegt ja auch manchmal die Würze. (Lacht) Wie sagt man so schön in Beziehungen? Was sich liebt, das neckt sich. Ich finde, dass sich viele Dinge aus Partnerschaften auch auf den Beruf übertragen lassen. Ich bewundere dich und Gertrud auch, dass ihr euch schon so früh gefunden und verlobt habt.*

Christian: Ja, da bin ich auch sehr glücklich drüber. Und 2022 feiern wir bereits unsere diamantene Hochzeit.

Familie und Beruf

Alice: *Diamantene Hochzeit, das sind 60 Jahre! Respekt! Wann habt ihr euch denn kennengelernt?*

Christian: 1956. Wir waren beide im Chor der Evangelischen Studentengemeinde in München, der sich Kurrende nannte. Da ging das dann relativ schnell und leicht, sich kennenzulernen. Zumindest für unsere Zeit. Man kann sich das heute gar nicht mehr vorstellen. Denn damals war das noch eine ganz besondere Sache überhaupt, jemanden das Du anzubieten. Selbst wenn man schon ein, zwei Jahre in der Kurrende war, war das etwas Besonderes. Wir hatten einen Kollegen bei uns, der war begeisterter Bergsteiger. Der sagte immer: „Bei mir ist das ganz einfach, denn es gibt unter Bergsteigern eine strikte Regel: Über 2.000 Metern gibt es nur das Du!" Und wenn er jemanden gerne duzen wollte, lud er ihn zu einer entsprechenden Bergtour ein.

Alice: *Oh, dann weiß ich diese Ehre zu schätzen, dass ich dich duzen darf.*

Christian: Na, das hoffe ich doch!

Alice: *Hattet ihr noch weitere gemeinsame Hobbys, Gertrud und du?*

Christian: Mein Hauptvergnügen war immer, und das bis zuletzt, das Wandern. Ich hatte große Lust, eine Frau zu finden, die genauso gerne wanderte wie ich. Und das Glück hatte ich mit Gertrud. Wir haben zusammen so gut wie ganz Deutschland erwandert. Wir gingen sogar auf unserer Hochzeitsreise 1962 wandern. Dazu sind wir ins Elsass gefahren. 12 DM hat die Zugfahrt von der Pfalz bis dorthin gekostet.

Alice: *Was? Ich glaube, kaum jemand hat so eine günstige Hochzeitsreise gehabt wie ihr!*

Christian: Wir waren immer gern in der Natur unterwegs, gingen Campen oder machten Fahrten mit dem Faltboot, zum Beispiel auf der finnischen Seenplatte. Da gab es manchmal auch schwierige Situationen, wie einmal, als wir fast die Orientierung verloren hatten oder ein anderes Mal, als wir zu wenig Proviant dabeihatten.

Alice: *Solche Reisen scheinen die beste Übung zu sein, um als Unternehmer flexibel zu bleiben und selbst in schwierigen Situationen Auswege zu finden. (Lacht)*

Christian: Ja, kann man so sagen. Unsere Hochzeitsreise ins Elsass war auch unsere erste Reise, wo wir in den Gasthöfen ein gemeinsames Zimmer buchen durften.

Alice: *Warum durftet ihr das vorher nicht?*

Christian: Weil wir ja nach unserer Hochzeit den gleichen Nachnamen hatten. Das war noch eine andere Zeit, da konnte man selbst für Beihilfe zum unehelichen Beischlaf bestraft werden. Aber ich lieh einem Kommilitonen mal mein Zimmer, damit er sich mit seiner Freundin treffen konnte. Er war mir noch Jahre später dankbar dafür. Als er später Architekt wurde, beauftragte ich ihn, das Gebäude unserer Mensa zu bauen.

Alice: *Die Grundlage der Drägerwerk-Mensa ist also, dass du sträflicherweise Beihilfe zum unehelichen Beischlaf geleistet hast? (Lacht)*

Christian: Ja, kann man so sagen.

Alice: *Die Zugfahrt eurer Hochzeitsreise hat also nur 12 DM gekostet. Warst du deiner Frau gegenüber immer so sparsam, dass du so wenig Geld wie möglichst ausgeben wolltest?*

Christian: Am Anfang versuchte ich zu verstecken, dass ich aus einer Unternehmerfamilie komme. Als ich beispielsweise mit Gertrud auf einem Ball tanzen ging, habe ich mich mit ihr nie an den Tisch gesetzt, um ihr den Eindruck zu vermitteln, dass ich kein Geld habe, um einen eigenen Tisch zu reservieren. Ich hatte Sorge, dass mich meine Frau nur wegen des Geldes heiraten würde.

Alice: *Ich habe zwar schon drei Heiratsanträge bekommen, aber bisher hat mich niemand nur wegen meines Geldes heiraten wollen. Das hätte sich auch nicht gelohnt. (Lacht) Ist das auch bei Freundschaften ein Problem?*

Christian: Ja auch.

Alice: *Also haben sich Gertrud und du durch das Singen kennengelernt und letztendlich geheiratet?*

Christian: Ja, und uns verbanden die gemeinsame Liebe zum Wandern und zur Natur. Nach unserer Hochzeitsreise ins Elsass waren wir so begeistert, dass wir 1972 einen alten Bauernhof kauften, den wir als Ferienhaus hergerichtet haben. Wunderschön gelegen in den Vogesen, im Val d'Argent zwischen Sélestat und St.-Marie aux Mines, am Rande der Zone Tranquillité du Taennchel. Dort gibt es kein Telefon, kein Fernsehen und kein Internet: Natur pur. Auch meine drei Enkelkinder fahren dort immer noch gerne hin, obwohl sie bereits erwachsen sind und studieren. Ins Elsass musste ich manchmal auch beruflich.

Alice: *Was hast du denn beruflich dort gemacht? Ich dachte, ihr habt jetzt erst letztes Jahr 2020 eure Maskenproduktion dort gestartet und dazu eine Fabrik in Obernai eröffnet.*

Christian: Ich habe den Weg in die Ferien immer genutzt, um die Aufsichtsratssitzung unserer Tochtergesellschaft Dräger Brandt S.A., später Dräger Safety SAS in Straßburg zu besuchen.

Alice: *Ihr habt ein Ferienhaus im Elsass, auf Amrum und in der Holsteinischen Schweiz, oder? So viel Zeit hat man ja gar nicht, um ständig Urlaub zu machen. (Lacht)*

Christian: Viele nutzen es, Familie, Freunde und Verwandte. Und außerdem, wenn ich dort war, habe ich auch gearbeitet.

Alice: *Interessant. Jetzt haben wir viel über Ferien gesprochen, aber sag mal, ist dein Beruf nicht zu Lasten deines Privatlebens gegangen? Denkst du, du hattest genug Zeit für deine Familie neben diesem hohen Posten und den vielen Geschäftsreisen?*

Christian: Ich selber bin der Meinung ja – meine Frau ist möglicherweise anderer Meinung. Ich bilde mir ein, dass ich genügend Zeit für meine Kinder hatte, aber eigentlich müssten sie diese Frage beantworten. Insofern frag Stefan, Bernd, Anne oder Sigrid. Wie ist das bei dir, denkst du dein Beruf in so einer beratenden, helfenden Tätigkeit hat Einfluss auf deine Partnerwahl?

Alice: *Bisher sicherlich, ja. Ich muss schon zugeben, dass ich in den Partnerschaften, die ich bisher führte, schnell in die Helferrolle verfallen bin. Es war schwer, mich davon Stück für Stück zu entfernen. Ich hatte mir immer Männer gesucht, die mit meinen vielseitigen Interessen umgehen und meinen Gedankensprüngen folgen konnten. Damit war aber auch verbunden, dass sie häufig depressive Züge hatten, vieles durchblickten, was in der Weltgeschichte schiefläuft und dadurch pessimistisch in die Zukunft sahen. Dadurch geriet ich wieder in die Helferrolle und fühlte mich für sie und ihr Wohlergehen verantwortlich. Ich brauchte erst gute Aufstellungsarbeit und Selbstreflexion, um die Rolle in meiner Herkunftsfamilie zu klären und loszulassen und um dann anders an meine eigenen Beziehungen heranzugehen. Im Nachhinein erkannte ich, worauf die ehemaligen Beziehungen mich sozusagen hinweisen wollten, was ich noch aus der Vergangenheit bearbeiten sollte. Und ich glaube, das ist etwas sehr Wichtiges für eine glückliche Beziehung: Wir müssen erst uns selbst wirklich kennen und vor allem uns akzeptieren lernen, mit uns selbst zufrieden sein. Auch hier gilt, was Anne Koark in ihrem Buch beschreibt: Nach dem Scheitern kennt man sich selbst viel besser und weiß viel besser, was man in einer Beziehung braucht bzw. nicht braucht. Das gilt für das Scheitern im Business als auch fürs Scheitern in der Partnerschaft.*

Christian: Ja, da ist was dran.

Geschäftsreisen

Alice: *Christian, du hattest schon erzählt, dass du geschäftlich viel auf Reisen gewesen bist. Wohin gingen denn die Reisen?*

Christian: Meine Reisen waren verschieden motiviert. Ein Antrieb war die Bewunderung meines Großvaters, der ja wie bereits beschrieben Anfang des 20. Jahrhunderts nach Amerika reiste, um dort eine Tochtergesellschaft zu gründen. Aber auch mein Vater war geschäftlich viel unterwegs gewesen. Damals war der Besuch unserer Kunden mehr oder weniger selbstverständlich. Ich habe es auch immer als sehr angenehm empfunden, mit Kunden zusammenzukommen.

Alice: *Wenn ihr mittlerweile in 190 Ländern vertreten seid, dann war Amerika ja sicherlich nicht das einzige Land bzw. Kontinent, den du bereist hast. Wo warst du sonst noch?*

Christian: 1976, bei meiner ersten Reise in die Sowjetunion, war eine Prise Neugierde dabei. Ich weiß heute noch, wie aufregend das für mich war, zum ersten Mal in Russland zu sein. Ich wurde dorthin von den Kollegen eingeladen, um einen Auftrag zu generieren. „Das ist immer sehr hilfreich für uns, der Besuch des Firmenchefs", sagten sie. Außerdem war es interessant zu erleben, wie die einen solchen Besuch organisierten. Man musste beispielsweise mit dem Auto immer auf den festgelegten Routen bleiben.

Alice: *Wie wurdest du denn bei den Russen angenommen? Im Zweiten Weltkrieg sind ja schlimme Dinge geschehen.*

Christian: Es ging nicht nur um Geschäftliches, aber das Thema „Zweiter Weltkrieg" wurde so gut wie nie angesprochen. Ich habe dort auch keine Vorbehalte gespürt, im Gegenteil: Ich habe die Russen immer als äußerst angenehm empfunden.

Alice: *Konntest du die Zeit im Ausland auch nutzen, um die Kultur dort kennenzulernen?*

Christian: Ja, die Geschäftsreisen habe ich ebenfalls dazu genutzt, die dortigen Museen zu besuchen. In Russland etwa die Tretjakow Galerie in Moskau, die hat mich wirklich beeindruckt; da erfährt man etwas über das Leben in Russland. Und in St. Petersburg gibt es die Eremitage mit ihren wunderbaren Rembrandts. Die Konstruktivisten wie Malewitsch, die haben mich damals noch nicht interessiert. Ebenfalls war ich beispielsweise in Madrid im Prado oder hab auch das MoMa (Museum of Modern Art) in New York besichtigt. Im Prado fand ich „La Lanzas" von Velazquez mit am beeindruckendsten, aber vor allem hat mir Francisco de Goya imponiert. Den halte ich für den größten Maler.

Alice: *Wie lange dauerten deine Geschäftsreisen meistens?*

Christian: Unterschiedlich, meist etwa eine Woche. Für meine Kulturtouren habe ich mich oft alleine durchgeschlagen. Ich bin U-Bahn gefahren und war auch viel zu Fuß unterwegs in Moskau, Tokio, Peking, Sao Paulo. Wenn man eine Stadt wirklich kennenlernen will, sollte man sie zu Fuß erkunden.

Alice: *Welche Stadt oder welches Land hat dich denn am meisten beeindruckt?*

Christian: Eindeutig New York – für mich immer noch die letztmögliche Ausprägung des Phänomens Stadt! Und was vielleicht erstaunlich ist, Jerusalem. Dort war ich um 1997. Am allermeisten beeindruckte mich, dass ich in Jerusalem den Berg Zion mit eigenen Augen gesehen habe. Nachher saßen wir noch im Garten Gethsemane, wo Jesus in der Nacht vor seiner Kreuzigung gebetet haben soll. So habe ich durch meine Geschäftsreisen viele Länder gesehen und habe die jeweilige Kultur und Kunst kennengelernt.

Kulturförderung – Christian als Mäzen

Alice: *Christian, was bedeutet Kunst für dich?*

Christian: Es bedeutet für mich Abwechslung vom Geschäftsalltag. Ich habe es bewundert, wie meine Großmutter mit einem Bleistift und einem Stück Papier eine Landschaft auf das Blatt zaubern konnte. Kunst kommt von Können und sie konnte es wirklich.

Alice: *Du bist ja ein Kunst- und Kulturliebhaber. Erzähl doch mal, wie du zur Kulturförderung gekommen bist.*

Christian: Es war die Liebe zu Lübeck und die Erkenntnis, dass das Museum Behnhaus, eine Gemäldegalerie, eines der schönsten Museen in ganz Deutschland ist. Bei weitem nicht das Bedeutendste, aber das Schönste! Aus dieser Liebe heraus erkannte ich meine Verantwortung, dass das Behnhaus das schönste Museum bleiben muss und ich auch dabei helfen kann, dass es eines der bedeutendsten Museen wird.

Alice: *Und wie möchtest du das umsetzen?*

Christian: Zum Beispiel habe ich in London eine Zweitfassung von Ludwig Richters Gemälde „Überfahrt am Schreckenstein" erworben. Die Erstfassung hängt in der Gemäldegalerie Dresden und gilt als eines der zentralen Stücke der deutschen Romantik, wird aber nicht mehr ausgeliehen, weil es zu groß ist. Daher bin ich sehr glücklich, dass uns nun die Zweitfassung gehört und die würde ich dem Museum gerne irgendwann überreichen.

Alice: *War es deine Mutter oder dein Vater, der in dir dieses Interesse für Malerei geweckt hat?*

Christian: Nein, mein Onkel Wolf Stubbe brachte mir die Kunst näher. Er war nicht mein richtiger Onkel, aber ich nannte ihn so. Er war der Bruder von Ruth Stubbe, der ersten Frau meines Vaters. Da er mit seiner Frau später keine Kinder hatte, war ich für ihn wie ein Ersatzsohn. Und auch für mich war er wie eine Art Vater, denn ohne ihn gäbe es meine ganzen Sammlungen nicht. Er war von 1934 bis 1969 Leiter des Hamburger Kupferstichkabinetts. Begonnen hat es, als ich 16 war. Ich habe ihn einmal besucht und er gab mir eine Führung durch das Museum.

Alice: *Und mit 26 hast du dann selbst angefangen, Kunst zu sammeln?*

Christian: Ich habe diesen Onkel auf jeden Fall sehr geschätzt. Er war ein erstklassiger Fachmann. Er hat mir beigebracht, wie schön Kunst auf Papier sein kann.

Alice: *Hat er dir denn auch zeichnen oder malen beigebracht, oder bist du immer nur Bewunderer geblieben?*

Christian: Ich hab ein bisschen gezeichnet, das war aber nicht großartig.

Alice: *Hättest du dir auch vorstellen können, Künstler zu werden?*

Christian: Kaum. Weil ich genau wusste: Großer Künstler bist du sowieso nicht, du hast ein bisschen was gelernt, aber als Künstler kann man das nicht bezeichnen und davon dann auch noch zu leben, das würde nicht funktionieren.

Alice: *Warst du denn manchmal von Dingen inspiriert? Gab es eine Muse für dich?*

Christian: Kann ich mich nicht dran erinnern. Hattest du mal eine?

Alice: *Ja, immer wieder gibt es Dinge oder Menschen, die mich mit ihrer Schönheit, ihrer Ausstrahlung, ihrer Gelassenheit, ihrer Zufriedenheit oder auch ihrer Begeisterungsfähigkeit faszinieren und dann eben motivieren, über sie zu schreiben. Was war denn bei dir in dem großen Spektrum der Kunst das, was dich am meisten faszinierte?*

Christian: Ich sammle vor allem Handzeichnungen der Goethezeit und der Romantik oder auch Biedermeiertassen.

Alice: *Ich habe selbst gerne gemalt, aber mit der Romantik konnte ich nicht viel anfangen. Die Lyrik der Romantik, Joseph von Eichendorff zum Beispiel begeisterte mich mehr. Aber irgendwie ist es doch immer eine Flucht. Das mag ich nicht, das ist mir zu idyllisch. Es fehlt mir das Revolutionäre, Kämpferische. Ich mag vor allem die Kunst, die sich gegen gesellschaftliche Normen aufbäumt. Denn ich finde, durch Kunst lassen sich Dinge und Emotionen ausdrücken, die sich nicht in Worte fassen lassen. Kunst ist für mich dazu da, Dinge aufzuzeigen und in Frage zu stellen, vor denen viele die Augen verschließen.*

Christian: Hast du ein Beispiel?

Alice: *Die Künstlerin Niki de Saint Phalle finde ich toll. Sie war unter anderem bekannt für ihre bunten, dicken Frauenfiguren. Aber auch ihre ersten Werke wie „Tirage" also die sogenannten Shooting Pictures, die ganz und gar nicht fröhlich waren, finde ich faszinierend. Denn sie hat die Kunst als Selbsttherapie genutzt, um die Vergewaltigung zu verarbeiten, die sie als Kind durch ihren Vater erlebt hat. Ich finde persönlich, dass der Wert von Kunstobjekten viel zu sehr von der launischen Lust von Kunstsachverständigen abhängt. Es ist so wie mit Markenartikeln: Die Menschen schauen nur auf die Marke, von wem es gemacht wurde. Aber die wenigsten haben wirklich ein Gefühl für Kunst.*

Christian: Die meisten großen Kunstwerke haben das Potenzial für eine emotionale Kommunikation. Wie es dann vermarktet wird, steht auf einem ganz anderen Blatt. Ich habe damals einige Skulpturen von dem deutschen Bildhauer Ernst Barlach erworben. Sie waren in New York in einem Auktionshaus ausgestellt. Da sagte mein Onkel, Wolf Stubbe, als Kunstkenner: „die musst du unbedingt besorgen!" Dann habe ich zu meiner Sekretärin gesagt: „Sehen Sie mal zu, dass ich da frei kriege!" Da hat sie gesagt: „Das geht gar nicht, Herr Dräger, da sind zu viele andere Termine, die wir nicht absagen können." Dann kam meine Sekretärin aber auf eine tolle Idee: „Herr Dräger, es gibt doch die Concorde, die mit doppelter Schallgeschwindigkeit in vier Stunden in New York ist." Das war die einzige Möglichkeit, dass ich den Terminen, die ich im Werk hatte und nicht absagen konnte, nachgehen und die Barlach-Skulpturen trotzdem mal sehen konnte.

Alice: *Das ist ja interessant, heute wäre das nicht mehr möglich, denn die Concorde gibt es nur noch als Museumsstück zu sehen. Kennst du eigentlich auch die moderne Form der Kunstsammlung, nämlich die NFTs?*

Christian: Nie gehört.

Alice: *Die Kunst, die auf Blockchain beruht. Die sogenannten Non-Fungible Token (NFT), nicht vertretbare Wertmarke. Und bei dem Verweis eines NFT-Objekts kann es sich um ein Bild-, Audiodatei, Video, 3D-Modell oder auch anderes handeln.*

Christian: Da bin ich mittlerweile einfach zu alt, um bei diesen ganzen computergesteuerten Dingen durchzublicken. Ich bin jetzt schon 37 Jahre im Verein der Freunde der Museen für Kunst- und Kulturgeschichte der Hansestadt Lübeck. Aber von solchen Gemälden hat dort noch nie jemand erzählt.

Alice: *Hat es dich sehr erfüllt, über diesen Verein Menschen zu finden, die sich für das gleiche Hobby interessieren? Denn ich weiß aus meinem eigenen Leben, dass mich der Eintritt in manche Vereine wirklich sehr erfüllt hat. Ich musste so nicht mehr lange nach Menschen suchen, die sich für ähnliche Dinge wie ich interessierten, sondern ich fand sie hier. Denn ich hatte häufig Hobbys, die in meiner Altersgruppe nicht unbedingt vertreten waren.*

Christian: Ja, auf jeden Fall. Viele Dinge hätte ich ohne diesen Verein nie erfahren, insbesondere auf dem Gebiet moderner, zeitgenössischer Kunst. Der Verein war für mich auch so etwas wie eine Plattform, Dinge zu tun, die ich alleine niemals auf den Weg gebracht hätte. Wie zum Beispiel die Unterstützung der von mir so geliebten Lübecker Museen St. Annen und das Behnhaus.

Alice: *Dein Vater hatte sich ja damals auch schon sehr für das Behnhaus und auch das Buddenbrookhaus eingesetzt, oder?*

Christian: Die größte und schönste Bereicherung durch diesen Verein waren für mich die unzähligen Menschen, die ich dort kennengelernt habe.

Alice: *Also wie bei mir: Menschen mit ähnlichen Interessen. Und ich las im Internet auch, dass du bereits einige Ehrungen und Preise für dein kulturelles Engagement als Menschenfreund und Mäzen erhalten hast.*

Christian: Ich wollte immer meiner Heimatstadt Lübeck etwas zurückgeben. Mit der Maecenas-Ehrung, mit der ich 2013 ausgezeichnet wurde, wurde mir beispielsweise gezeigt, dass mir das auch gelungen ist. Und in 2019 wurde mir in Anwesenheit des Bundespräsidenten in Berlin der James-Simon-Preis verliehen.

Alice: *Machst du das alles auch, um die Corporate Social Responsibility (CSR) eures Unternehmens zu verbessern – also Social Branding, soziales Engagement zeigen?*

Christian: Das, was ich privat mache und spende, hat nichts mit unserer Firma zu tun. Aber man kann es natürlich nicht vollkommen trennen, auch in unserer Stiftung nicht.

Alice: *Genau, das ist, was ich meine. Es ist meist nicht ganz uneigennützig. Aber sag mal, wie siehst du Kunst und Kultur aus Sicht eines Unternehmers, denn rentabel ist Kunst ja nicht, oder?*

Christian: Kann man schwer beantworten. Wichtig ist, wenn du Unternehmer, Künstler oder Sportler bist, dass dich der Beruf erfüllt und du ihn gerne machst. Was für ein Ansehen er hat, spielt dann keine Rolle. Aber du musst natürlich schon davon leben können, ansonsten brauchst du noch einen Beruf, der Brot reinbringt. Insofern: Wenn der Unternehmer es richtig macht, kann es eine große Bereicherung sein, sich mit Künstlern zu umgeben und Sachen zu kaufen. Für mich ist es so, die Beschäftigung mit Kunst und Kultur führt zu einer Bereicherung des Lebens.

Alice: *Aber wie geht das zusammen, Kunst und profitorientiertes Wirtschaften? Weil Kunst und Kultur hat ja nichts mit Gewinnorientierung zu tun?*

Christian: Nein, der Kunstmarkt ist natürlich auch profitorientiert, aber für mich spielt das keine Rolle. Und für das Unternehmen gilt, wenn du gar keinen Gewinn hast, dann hast du auch keine Mittel, dich intensiv mit Kunst zu beschäftigen. Es ist sogar die Aufgabe von Unternehmern, Künstler zu fördern.

Alice: *Du bist ja Romantik-Liebhaber, die meisten Künstler deiner Gemälde sind längst tot. Wen willst du damit unterstützen?*

Christian: Ja, ich meine es allgemein. Unternehmen sollten sich die Kunst- und Kulturförderung zur Aufgabe machen.

Alice: *Und warum Kunst, warum nichts Soziales? Meinst du nicht, es ist wichtiger, sein Geld für die Förderung benachteiligter Kinder auszugeben, statt für Skulpturen von Barlach? Ich meine, schau dir meine Mutter an. Was wäre aus ihr geworden, wenn sie als wissbegieriges Mädchen in einer Arbeiterfamilie mehr gefördert worden wäre und mehr Umgang mit ebenso neugierigen Kindern gehabt hätte?*

Christian: Es gibt viele Felder, bei denen man sich engagieren kann. Mich hat es nun mal in die Kunstförderung gezogen. Und unsere Stiftungen machen ja auch sehr viel auf anderen Gebieten.

Alice: *Ich weiß, deine Familie hat auch bei der Einrichtung des Thomas-Mann-Museums mitgewirkt. Hast du also auch eine Affinität für literarische Kunst?*

Christian: Ja, das siehst du doch mit all den gefüllten Bücherregalen, die hier im Haus in den verschiedenen Etagen stehen. Und mit Thomas Mann gab es diese merkwürdige Geschichte. Lübeck hatte als Stadt eine gewisse Zurückhaltung gegenüber Thomas Mann. Er war dort nicht wohlgelitten, weil er mit seinem Roman „Die Buddenbrooks", für den er den Nobelpreis bekam, die Lübecker Gesellschaft bloßstellte. Im Zweiten Weltkrieg wurde Lübeck 1942 bombardiert und Thomas Mann sagte dazu im Londoner Rundfunk so etwas wie: „Es ist einfach so, alles im Leben muss bezahlt werden. Und wenn die Deutschen meinen, Coventry zu bombardieren, dann müssen sie die Folgen dafür bezahlen!" Das hat die Stadt ihm sehr übelgenommen. Das Buddenbrookhaus wurde jahrelang benutzt von einer Bank und einem Friseursalon, bis dann mein Vater mit seiner dritten Frau Lisa gesagt hat: „Das geht nicht, das ist das Buddenbrookhaus. Hier spielt der Roman von Thomas Mann und da sind Museumsräume drin." Ich habe mich dann dafür eingesetzt, dass das literarische Erbe der Hansestadt, vor allem die Werke von Heinrich und Thomas Mann und der zu Unrecht vergessene Dichter Emanuel Geibel, jetzt im Buddenbrookhaus erforscht werden.

Alice: *Emanuel Geibel? Also bei mir ist er nicht vergessen. „Wo volle Becher klingen ..." die Lübecker Nationalhymne! Also für all das, was du für die Hansestadt Lübeck getan hast, hältst du dich mit deiner Selbstbeschreibung aber immer sehr zurück. Richtest du dich da nach der alten Hanse-Tugend: die eigene Person stets im Hintergrund zu halten?*

Christian: Ja, die Tugenden eines hanseatischen Kaufmanns standen bei mir immer sehr hoch. Mein Ziel war es, eine Gesellschaft zu fördern, frei von Zwängen und getragen vom Bürgersinn mit christlichen Maximen.

Umgang mit der Historie

Alice: *Unser Thema Kunst passt gut zum 2. Weltkrieg und zum Nazi-Regime, denn viele Künstler mussten ja auswandern oder sich verstecken, aufgrund ihrer Systemkritik durch ihre Kunst. Und das, obwohl Adolf Hitler anfangs selbst Kunst studieren wollte. Im Weltkrieg warst du ja noch Kind und hattest wahrscheinlich noch keinen großen Blick für Kunst. Aber dein Vater war ja mitten im System drin. Was hast du während des Krieges denn vom Drägerwerk mitbekommen?*

Christian: Eigentlich nichts. Mein Vater sprach fast nie darüber.

Alice: *Was sagst du zu Vorwürfen, die es mal gab, dass dein Vater auch Zwangsarbeiter beschäftigt hat?*

Christian: Als ob man die Freiheit hatte, zu sagen: ‚Nein, Zwangsarbeiter möchte ich nicht.' Auch das Drägerwerk musste als kriegswichtiger Betrieb bestimmte Produktionsleistungen bringen. Um den Betrieb zu erhalten, beteiligte sich mein Vater daran.

Alice: *Das Drägerwerk hätte doch ohne Zwangsarbeit so weitermachen können wie vorher. Ihr seid doch erfolgreich gewesen!*

Christian: Ja und schon während der Weimarer Zeit, also zu demokratischen Republikzeiten, haben wir Militäraufträge erfüllt. Also haben wir so weitergemacht. Aber die neue Regierung war ein übles Terror-Regime, das ist ein Unterschied. Die Aufträge liefen weiter und wurden immer mehr. Und die Regierung hat sich immer mehr eingemischt, auch in die Verwendung von Zwangsarbeitern, sogar in die Verteilung von Essen an diese. Wie soll man sich da herauswinden?

Alice: *Mit Zivilcourage einfach aussteigen?*

Christian: Überleg doch mal, ob das geht? Ist das möglich? Welche Konsequenzen hätte das gehabt?

Alice: *Weniger Umsatz, weniger Gewinne. Na und?*

Christian: Ja, das auch und damit auch eine Gefährdung der Existenz von vielen Familien. Aber noch schlimmer: das Unternehmen hätte enteignet und in die Treuhänderschaft irgendeines Nazis kommen können. Dann wäre das ganze Unternehmen ganz und gar auf Nazi-Linientreue eingeschworen worden.

Alice: *Davon habe ich noch nicht gehört. Also willst du sagen, dass man das Werk schützt, indem man mitmacht?*

Christian: Ja, genau, um das Schlimmste zu verhindern. Uns ist bewusst, dass ein Regime funktioniert, weil das alle machen. Und hätten genügend Leute Widerstand gezeigt, wäre mein Vater sicher auf deren Seite gewesen. Aber wie soll die totale Verweigerung koordiniert werden?

Alice: *War dein Vater gegen die Nazis?*

Christian: Ja, das war er. Aber du kannst das dann auch nicht so definitiv sagen. In der Wirtschaftspolitik war er begeistert, dass die Nazis seine Ideen von Arbeitsbeschaffung umgesetzt und damit erfolgreich die Arbeitslosigkeit bekämpft haben. Mein Vater hatte schon früh den Bau von kreuzungsfreien Straßen, also Autobahnen, vorgeschlagen. Die Nazis haben das dann umgesetzt. Aber die Verfolgung der Juden, solche Ideen wie „Volk ohne Raum" – das war nicht mein Vater.

Alice: *Aber war er nun dagegen, oder nicht?*

Christian: Ja, auch wenn er am Anfang wie viele von dieser nationalen Bewegung beeindruckt war. Das ging schnell vorbei. Die Kriegsvorbereitungen blieben ihm nicht verborgen, und er meinte, ein Krieg wäre eine Katastrophe.

Alice: *Dafür hat das Drägerwerk daran dann aber gut mitgewirkt.*

Christian: Wichtig ist aber auch, dass es das kleinere Übel war, mitzumachen. Denn damit hat er sich auch Möglichkeiten bewahrt, Einfluß zu nehmen und zu helfen. Er hat vielen Juden das Leben gerettet, beispielsweise der Familie Silten.

Alice: *Die Geschichte kenne ich noch nicht. Aber ich kenne die Geschichte von Hans*

Blumenberg, der, wie die Nazis es nannten, „halbjüdisch" war und der im Drägerwerk arbeitete und damit auch geschützt war. Später ist er ein berühmter Philosoph geworden.

Christian: Genau. Solche Fälle gab es mehrere. Mein Vater hat da einiges geleistet, aber richtig gefährlich war es mit der jüdischen Familie Silten. Die Familie hatte ein eigenes Unternehmen und konnte auf eine lange Zusammenarbeit mit dem Drägerwerk zurückblicken. Die Siltens waren in erster und zweiter Generation für den Berlin-Vertrieb zuständig – über die Jahre war eine enge Freundschaft entstanden. So hatte mein Vater versucht zu verhindern, dass sie von Holland ins KZ kamen, immer mit dem Argument, dass Fritz Silten, der Familienvater, kriegswichtige Forschungen für das Drägerwerk macht.

Alice: *Hat das funktioniert?*

Christian: Nein, das hat nicht funktioniert, Mutter, Tochter und Fritz Silten kamen nach Theresienstadt – furchtbar. Aber dann in Theresienstadt hat die Arbeit im Auftrag des Drägerwerks die Familie davor bewahrt, dass sie nach Auschwitz kamen und ermordet wurden.

Alice: *Da haben sie ja wahnsinnig Glück gehabt!*

Christian: Das eigentlich Unglaubliche ist, dass die Arbeiten vorgetäuscht waren. Das, was das Drägerwerk beauftragt hatte und wofür auch kistenweise Laborgerät und Chemikalien geschickt wurden, war überhaupt nicht kriegswichtig. Das war alles inszeniert.

Alice: *Ach, deshalb war es gefährlich für deinen Vater!*

Christian: Genau, wäre es aufgeflogen, hätte das sicher Konsequenzen gehabt.

Alice: *Bin ich froh, nicht mehr in so einer Zeit zu leben: Man war gezwungen, mit dem Teufel zusammenzuarbeiten, um anderen Menschen zu helfen. Ich habe gelesen, dass dein Vater sich gegen KZ-Häftlinge als Zwangsarbeiter gewehrt hat.*

Christian: Ja. Aber er hat eher verzögert und hingehalten. So richtig wehren konnte man sich da auch wieder nicht. Millionen Gasmasken mussten hergestellt werden. Das Drägerwerk war im Verzug und es wurde eine Aufstockung der Arbeitskräfte empfohlen. Erst hat mein Vater behauptet, er bräuchte keine. Das war schnell nicht mehr glaubhaft. Dann hat er die Zahl von 1.500 auf 500 reduziert. Die wurden im Zweigwerk Hamburg-Wandsbek eingesetzt, gehörten zum KZ-Neuengamme und ein Lager wurde neben der Fabrik errichtet. Wie er später erzählte, hatte er aber leider keinen Einfluss darauf, wie die Häftlinge behandelt wurden. Das wurde alles von SS-Mannschaften geführt. Und die technischen Leiter unseres Werks versuchten ebenfalls immer wieder, die osteuropäischen Arbeiter und Arbeiterinnen vor den Schikanen der SS zu schützen. Das führte nur häufig dazu, dass sie selbst Repressalien erlitten.

Alice: *Sie gingen in der Lübecker Bucht unter, zwischen Neustadt und Scharbeutz, wo jetzt auch ein Denkmal daran erinnert. Ich habe gelesen, dass ihr 1978 bereits begonnen habt, die Thematik der Zwangsarbeit aufzuarbeiten und dass ihr später an der Stiftungsinitiative Deutsche Wirtschaft zur Entschädigung der Zwangsarbeiter beteiligt wart. Da warst du ja noch kein Vorstandsvorsitzender, aber hattest du selbst das initiiert?*

Christian: Ja, wir haben früh angefangen, uns zu kümmern. Aber das kam durch Anfragen aus der Öffentlichkeit, die wir nicht abgeblockt haben, im Gegenteil, bis heute sind wir an der Bearbeitung unserer Geschichte interessiert. Ich habe frühzeitig eine Dissertation zum Thema unterstützt, weil ich es wissen wollte. Unser Archiv wurde für die Forschung geöffnet.

Alice: *Ich weiß selbst nicht, wie ich damals während der Nazizeit reagiert hätte, an der Stelle deines Vaters. Mein französischer Opa Robert und sein Bruder Jacques Moustier haben sich von dieser Bewegung in den Bann ziehen lassen und haben für die Deutschen gekämpft, gehören also zu den sogenannten Kollaborateuren. Mein Großonkel Jacques musste sich nach Kriegsende sogar ein Jahr in der Schweiz verstecken. Indirekt kann ich aber sagen, ohne diese Vorliebe für Deutschland in meiner französischen Familie wäre ich nie entstanden. Denn mein Vater und seine Schwestern sind später nach Deutschland ausgewandert, weil eben ihr Vater und ihr Onkel schon immer so begeistert von Deutschland erzählt haben. Und jetzt nach dem Krieg kann ich sogar sagen, ich bin das*

Produkt deutsch-französischer Freundschaft, oder besser gesagt deutsch-französischer Liebe. Denn aus Freundschaft entstehen ja nicht gleich Kinder. (Lacht) Wie ging es nach dem Krieg weiter, wie war das denn mit der Besatzungsmacht?

Christian: Unsere Mitarbeiter mussten das Unternehmen etwa mit einer Schusterei, Näherei und Produktion von Dachpappen am Leben halten. Mein Vater misstraute jeder staatlich induzierten Sonderkonjunktur. In seiner Denkschrift vom Mai 1944 formulierte er bereits eine Strategie für die Zukunft des Unternehmens nach Kriegsende. In der Denkschrift meinte er, dass wir mit 1000 bis 1500 Mitarbeitern uns neben den Geräten für die medizinische Nutzung von Sauerstoff auch auf Landmaschinen und die Fertigung autogener Brenngeräte konzentrieren sollen. Nach der Kapitulation im Mai 1945 sind wir dann der Kontrolle des englischen Militärs unterstellt worden. Der Betrieb ging also weiter, ein Jahr später stellten wir sogar schon das erste neu entwickelte Lachgas-Narkosegerät ›Modell D‹ vor.

Alice: *Das ist echt mal spannender Geschichtsunterricht, so ganz spezifisch anhand der Entwicklung eines Unternehmens betrachtet. Ein echtes Auf und Ab!*

Christian: Ja, so sah es bei uns aus.

Alice: *Du hattest ja ganz am Anfang erwähnt, dass der Krieg euch zwar großen Erfolg brachte, aber danach häufig erstmal ein Loch folgte.*

Christian: Ja, auch wenn es so scheint, als wenn wir schon nach dem 2. Weltkrieg genügend Einnahmen bekommen hätten, stimmt das nicht direkt. Wir waren, wie schon erwähnt, lange Zeit abhängig von der Bank. Gerade für meinen Vater muss das ein zentrales Erlebnis gewesen sein. Mehrfach hatte er schlecht geschlafen, weil er nicht wusste, wie er am Monatsende die Löhne bezahlen sollte. Die Aufträge aus dem Bergbau haben uns damals über die schlimmste Zeit hinweggeholfen. Doch mein Vater war geprägt von diesem Erlebnis. Es hat ihn die ganze Zeit verfolgt. Ich selbst habe nur gemerkt, dass er Sorgen hatte, mehr nicht. So weit war ich damals nicht, dass ich das überblicken konnte.

Alice: *Ja, wie schon mal gesagt, wurdest du als Kind ja auch lange Zeit in der Hitlerjugend-Bubblegum gelassen, denn dein kritisches Hinterfragen der Begebenheiten zu fördern wäre ja auch für deine Eltern gefährlich gewesen. Auch wenn ich das Thema Krieg sehr interessant finde, lass uns doch nochmal über euer Unternehmen nach dem Krieg sprechen und generell.*

Lektion II: Was das Gelingen begünstigt

Kunden
In den Schuhen des Kunden

Alice: *Christian, du hattest vorhin gesagt, es käme bei einem Unternehmen nicht nur auf den eigenen Erfolg an, sondern auch auf den Erfolg des Kunden. Kannst du mir dazu noch mehr erzählen? Wolltest du sozusagen das Thema „Customer Journey" ansprechen?*

Christian: Ja, bei uns gab es dazu das Programm „In den Schuhen des Kunden". Wir schickten Entwickler einige Tage zu unseren Auftraggebern, damit sie die Welt unserer Kunden besser verstehen können und somit passgenau Dinge entwickeln, die sie wirklich brauchen.

Alice: *Also schon in die Richtung agile Unternehmensführung?*

Christian: Ich habe keine Ahnung von diesen neuen Begriffen. Aber um dir ein Beispiel zu geben, warum es so wichtig ist, die Welt der Kunden kennenzulernen: Menschen, die im Kanal arbeiten, brauchen Licht. Um ein passendes Licht für diese Kanalarbeiter zu produzieren, müssen wir wissen, was so ein Licht sonst noch an Funktionen bräuchte. Auf den ersten Blick würde man sagen: Es muss leicht sein, damit es nicht in der wortwörtlich gesagten „Scheiße" versinkt, denn sonst müssten sie dort hineingreifen, um es wiederzubekommen. Aber das ist falsch! Denn durch den Austausch zwischen unseren Entwicklern und den Kanalarbeitern stellte sich heraus: Das Licht muss schwer sein und direkt untergehen. So können es die Arbeiter herausholen, aber sie können dem Licht nicht hinterherlaufen, wenn es in dem Wasserstrom des Kanals fortgespült wird. Deshalb habe ich damals auch immer gesagt: Mir sind die Mitarbeiter am liebsten, die dem Kunden mit seinen Bedürfnissen auch wirklich zuhören.

Alice: *Das war jetzt ein sehr gutes, bildhaftes Beispiel! Ich hätte auch eher gedacht, das Licht sollte leicht sein. Das finde ich ein tolles Programm, auch vom Namen her: „In den Schuhen des Kunden!" Da ist so viel Weisheit drin, denn erst wenn ich in den Schuhen des anderen stecke, kann ich ihn wirklich verstehen. Ich habe gerade das Bild meiner kleinen Schwester vor Augen, wie sie als Dreijährige immer in den viel zu großen, hochhackigen Schuhen meiner Mutter herumlief. Das ist also manchmal eine ganz schöne Herausforderung, in den Schuhen des Kunden zu laufen, aber lernen kann man unglaublich viel daraus! Ich muss bei diesem Satz auch an die Firma meines Opas denken.*

Christian: Ja, er machte ja tatsächlich Schuhe für seine Kunden. Er ist aber daran gescheitert, darüber wolltest du mir ja noch berichten.

Alice: *Stimmt. Mein Ururopa Frédéric Moustier hatte ja um 1900 herum in Lyon eine Schuhfabrik eröffnet und dazu in der Rue Molière 55 einen Schuhladen gehabt. Als seine beiden Söhne, George und Joseph Moustier, es später geerbt hatten, nannten sie den Laden „Chaussures Moustier Frères". Als mein Opa Robert und sein Bruder Jacques es dann erbten, mussten sie den Onkel George auszahlen und haben dazu 1950 die Fabrik verkauft. Mit ihrer eigenen Gewinnhälfte haben sie weitere neue Läden dazu gekauft in Lyon und Saint-Étienne. Mein Großonkel Jacques ist irgendwann ausgestiegen, weil er sich mit seinem Bruder immer wieder gestritten hat. Er wollte die Firma modernisieren, mein Opa war aber dagegen.*

Christian: Wie viele Mitarbeiter hatten sie denn?

Alice: *In der Fabrik damals 70, später in den Läden 30. 1974 musste mein Opa dann vor Gericht aufgrund der Insolvenz. Manchmal reicht es halt nicht aus, zu wissen, was dein Kunde braucht. Denn vielleicht waren die Schuhe gut, die er verkauft hat, aber einfach zu teuer, um mit der Konkurrenz mitzuhalten. Und wenn man vom Preis her nicht mithalten kann, dann müssen die anderen Angebote, Kundenfreundlichkeit, gute Beratung etc., schon sehr außergewöhnlich gut sein, damit die Kunden trotzdem bei einem bleiben.*

Christian: Das stimmt, irgendwann muss man sich dann doch dem Markt anpassen oder den Markt aufgeben und den Billiganbietern überlassen. Wir mussten schon häufig Märkte aufgeben und uns dann neue Märkte suchen oder uns auf die Kunden konzentrieren, die nach hoher Qualität suchten.

Alice: *Ja, das ist natürlich auch eine Möglichkeit. Ich kann mir vorstellen, dass meine Familie versucht hat, sich auf die Besserverdienenden zu konzentrieren, auf die, die wirklich nach Qualität suchten. Aber ich glaube, das hat die Sache für meinen Großvater nicht einfacher gemacht. Denn der Druck aus seiner Familie war umso höher, da er selbst aus einer reichen Familie stammte und den Ruf und den Stand der Familie wahren musste. Wenn ich irgendwann meinen Markt finden will, muss ich auf jeden Fall viel mehr in den Schuhen meiner Kunden laufen. Dann kann ich eine Idee entwickeln, die erfolgreicher ist als meine bisherige.*

Christian: Das klingt sehr gut. Es fällt mir übrigens noch ein anderes Beispiel ein, wie wir unseren Kunden damals zeigten, dass wir uns für ihre Welt und ihre Probleme interessieren. Wir entwickelten nämlich ein Kundenmagazin, das Drägerheft, welches Wilhelm Haase-Lampe ins Leben rief. Er war Journalist, der relativ spät die Liebe zu unserer Technik entdeckte – der er sich sein ganzes restliches Leben verschrieb und literarisch mit all seinen Kräften begleitete. Deshalb hieß auch die erste Abteilung, die sich mit solchen Dingen beschäftigte, und deren Leitung er übernahm: die „Literarische Abteilung". Das Drägerheft wurde schon früher von mir sehr geschätzt. Dort fanden sich die Kunden wieder. Man zeigte damit, dass man sie ernst nimmt und willkommen heißt – etwa mit Erfahrungsberichten. Da konnten sie auch ein bisschen was lernen. 2008 wurde das Drägerheft ganz neugestaltet. Das hat mich wirklich sehr beeindruckt und mit großer Freude erfüllt – auch mit Zukunftsfreude. Wenn ich nicht schon so viele von diesen Papieren [Dräger-Aktien] hätte, hätte ich welche gekauft. Das Drägerheft ist nicht mehr so, wie es einmal war, dass die Kunden sich da mit detaillierten Erfahrungsberichten wiederfinden, aber es geht eine klare Botschaft hervor, aus diesem Magazin: ‚Dies ist ein Unternehmen, das Zukunft hat!' Das ist die Hauptbotschaft.

In Kürze:

Suche nach dem Erfolg deiner Kunden, denn davon hängt dein eigener Erfolg ab!

Interessiere dich für die Probleme deiner Kunden! Zeig ihnen, dass du dich für ihre Welt interessierst, beispielsweise durch ein Kundenmagazin oder das persönliche Hingehen und Eintauchen in ihre Arbeitswelt!

Gebe alte Märkte auf, wenn die Konkurrenz zu hoch ist und suche neue Märkte. Oder konzentriere dich auf die Kunden, die nach hoher Qualität suchen.

Richte die Beschreibung deines Angebots nach deinem Kunden aus! Frage dich: Sind das die richtigen Kunden? Sind das die Menschen, mit denen ich auf Dauer zusammenarbeiten möchte? Wenn nicht, frage dich: Mit welchen Kunden möchte ich zusammenarbeiten? Und wie kann ich sie gewinnen? Was brauchen sie?

Gehe nicht zu viele Kompromisse ein, denn Verhandlung funktioniert wie die Erziehung von Kindern: Wer nie ein Nein gibt, wird irgendwann nicht mehr ernst genommen. Grenzen setzen bedeutet Konturen schaffen, bedeutet zu zeigen, wer du WIRKLICH bist. Erst durch Grenzen können wir ertasten, mit wem wir es zu tun haben.

Kundenakquise und Marketing

Alice: *Um irgendwann erfolgreich und größer zu werden und eventuell eine GmbH zu gründen, ist der Kontakt zu meinen Kunden ja sehr wichtig. Was würdest du mir denn empfehlen, um überhaupt Kunden zu finden?*

Christian: Kundenakquise sowie Marketing ist für alle Unternehmer eine Herausforderung! Das kannst du mir glauben! Wichtig ist eine „klare Botschaft und ein Alleinstellungsmerkmal", dazu fällt mir eine Anekdote meines Urgroßvaters Johann Heinrich Dräger ein: Mein Urgroßvater war Abstinenzler, und zwar, wie sagt man, der strengsten Observanz – weil er es erlebt hatte, in Vierlanden, dass viele Familien durch Trunksucht zugrunde gingen. Deshalb war er Abstinenzler, genau genommen Blaukreuzler. Das war ein Verein für Abstinenz und christliche Suchthilfe, den er unterstützte. Einmal saß mein Urgroßvater mit seinem literarischen Abteilungsleiter Wilhelm Haase-Lampe zusammen, um mit Holländern zu verhandeln, die Tauchgeräte kaufen wollten. Die Verhandlungen liefen gut, am Ende gingen sie zum Mittagessen.
Die Holländer wollten anschließend gerne einen Genever trinken, einen niederländischen Wacholderschnaps. Dazu sagte aber mein Urgroßvater: „Es ist schön

Sie hier als Gäste zu haben – wir haben Sie auch gerne bewirtet. Da ich aber überzeugter Abstinenzler bin und Mitglied im Blauen Kreuz, können Sie nicht von mir verlangen, dass ich den Genever trinke – auch nicht, dass ich ihn bezahle. Dann würde ich mir selbst untreu werden; Sie dürfen den Genever gerne selber bezahlen." Da war Haase-Lampe natürlich ganz entsetzt, er verstand nicht, wie mein Urgroßvater so reagieren konnte. Doch der Oberhauptmann der Holländer sagte hinterher, dass sie alle sehr beeindruckt waren von der Tauchtechnik, die Dräger präsentierte. Obendrein waren sie sehr beeindruckt von der Charakterfestigkeit meines Urgroßvaters und so bekam er auch den Auftrag.

Alice: *Wow, ja, das war wirklich eine klare Botschaft deines Uropas! Personal Branding hatte er schon echt drauf! Mittlerweile sagen ja auch viele Studien, dass wir beim Kauf ganz häufig unterbewusst reagieren und Sympathien eine ganz große Rolle spielen. Die Holländer haben es in diesem Fall Charakterfestigkeit genannt, indirekt ist das aber Personal Branding. Er hat Charakter gezeigt, eine klare Botschaft vermittelt, ein Alleinstellungsmerkmal und ein individueller Stil. Das ist eben auch der Unterschied zwischen Marketing und Branding. Branding fördert den Wiedererkennungswert der Marke und Treue, in deinem Fall, der Person. Im Gegensatz zu Marketingstrategien ist Branding für immer, es ist das aktive Formen der eigenen Marke und es geht darum, zu definieren, wer man als unternehmende Person ist. Branding besteht aus der eigenen Mission, den eigenen Werten und dem, was einen besonders und einzigartig macht.*
Ich habe mich letztens damit beschäftigt, als mich ein Freund auf das Thema Branding aufmerksam machte. Ich hatte ihm erzählt, dass mir all die Fernsehauftritte keine Kunden gebracht und insofern mir nicht viel genutzt haben. Er aber sagte, dass sie mir gutes Branding verschafft hätten. Und dein Urgroßvater ist ein super Beispiel, um mir dieses Wort nochmal vor Augen zu führen. Ich glaube, diese holländischen Kunden haben ihn so schnell nicht mehr vergessen und sind euch als Kunden voraussichtlich auch treu geblieben. Dein Urgroßvater hat sie beeindruckt!

Christian: Ja, auch mich hat diese Geschichte über ihn sehr beeindruckt. Und ein gutes Netzwerk ist Gold wert! Ich kann dir auch noch eine Geschichte von meinem Urgroßvater zum Netzwerk erzählen, wenn du möchtest. Die „Loge der Schlaraffenbrüder" war so ein Netzwerk für ihn. Es war eine Reihe von Freundschaften zu Lübecker Geschäftsleuten. Du erinnerst dich?

Alice: *Ja, du meinst die Kunstvereinigung Schlaraffia, oder?*

Christian: Genau. Herr Schweichler, ein Freund meines Urgroßvaters und ebenfalls Mitglied der Vereinigung, vermittelte ihm 1889 den ersten größeren Auftrag. Schweichler stellte ihm den Lübecker Kaufmann Schwedt vor und weißt du, mit welchen Worten?

Alice: *Ne, noch nicht. (Lacht)*

Christian: „Der Dräger hat hier ein Geschäft mit allen möglichen Maschinen, mit denen, die es schon gibt und denen, die erst noch erfunden werden müssen."

Alice: *Das hört sich jetzt wirklich nach Schlaraffenland an: Ich stelle mir gerade vor, wie ich durch ein Geschäft laufe und auf den Regalen teilweise echte Gegenstände stehen und manchmal ein Schild: „Muss noch erfunden werden. Fragen Sie den Besitzer!" Und über die Vereinigung der Schlaraffenbrüder hatte dein Uropa ja auch seinen Kapitalgeber Carl Gerling kennengelernt, mit dem er „Dräger & Gerling" gründete, oder?*

Christian: Genau.

Alice: *Ja, das Empfehlungsmarketing ist wirklich wertvoll. Das ist auch der Grund, warum ich mein Coaching auch online gebe: Wenn mich Leute weiterempfehlen, dann tun sie es nicht hier in Lübeck, sondern überall in Deutschland. Ich meine, es würde mich freuen, nicht immer nur vor dem Rechner zu sitzen, sondern auch mehr Kunden in der Nähe zu haben, aber ich möchte mich nicht über Weiterempfehlungen beschweren.*

Christian: Ja, wie das Bonmot so schön sagt: „Es geht nicht darum, WAS du weißt, sondern WEN du kennst."

Alice: *Ich glaube, mittlerweile hat sich daraus sogar eine neue Ableitung geformt: „Es geht nicht darum, wen DU kennst, sondern darum, wer DICH kennt." Denn durch das Internet ist alles nur noch eine Inszenierung geworden, eine große Bühne für Selbstdarsteller. In der Öffentlichkeit ein kompetentes Image und hohes soziales Ansehen zu genießen, spielt leider meist eine große Rolle für den beruflichen Erfolg. Was eigentlich sehr schade ist, denn dadurch traut sich erst recht niemand zu zeigen, dass das vielleicht alles nur Fassade und ein aufgesetztes Spiel ist. Aber wir Menschen sind nun mal leider sehr oberflächlich. Wenn dich jemand kennenlernt, was tut er als Erstes? Dich googeln und daraus bildet die Person sich dann ihre Meinung über dich. Und viele Freunde haben es gar nicht verstehen können, als ich ihnen erzählte, dass ich überlege, mir eine Festanstellung zu suchen, weil meine Gründungsidee nicht erfolgreich ist. Viele sagten daraufhin: „Wie, aber du warst doch letzte Woche schon wieder im Fernsehen und ich bekomme ständig neue Videos auf YouTube von dir gezeigt. Ich dachte, bei dir läuft es jetzt richtig gut!" Internet ist halt alles nur eine Inszenierung.*

Christian: Aber eine gute Außendarstellung und Sichtbarkeit war schon immer wichtig. Auch schon zu Zeiten meines Groß- und Urgroßvaters erfolgte die Verbreitung der Dräger-Apparate nicht nur aufgrund mündlicher Empfehlungen, sondern ebenfalls durch die Präsenz unserer Apparate auf internationalen Kongressen, die sich mit Rettungstechnik befassten, wie zum Beispiel von dem II. Internationalen Rettungskongress in Wien 1913. Dadurch erst ist es uns gelungen, dass unsere Geräte in verschiedenste Länder exportiert wurden. Wie hast du denn deine Kunden erreicht?

Alice: *Ich war auch viel auf Messen, meist nicht mit eigenem Stand, der ist ja häufig sehr teuer. Aber ich bin über die Messen gegangen und habe mit den Leuten Kontakt aufgenommen, habe meine Visitenkarten verteilt, auf Bildungsmessen, Ausbildungsmessen oder auch IT-Messen. Ich habe interessante Kontakte darüber geknüpft, teilweise auch mehr Leute für meinen Newsletter gefunden, aber so wirklich zu Kunden wurden sie nicht. Ansonsten habe ich viele Vorträge gehalten und darüber versucht, Menschen für mein Thema zu begeistern, aber für die Vorträge wurde ich nicht bezahlt. Wenn ich Glück hatte, bekam ich eine Aufwandsentschädigung für die Fahrtkosten. Also hauptsächlich habe ich versucht, Kunden zu finden über meine regelmäßigen Unternehmerstammtische, über Messen, über Zeitungsinterviews oder durch Vorträge. Konkrete Werbungen in Zeitungen oder im Internet habe ich nur selten geschaltet. Ich glaube einmal in einem Vereinsblatt.*

In Kürze:

Entwickle eine Personenmarke! Du brauchst eine klare Botschaft und ein oder mehrere Alleinstellungsmerkmale, relevante Inhalte, einen individuellen Stil sowie einen glaubhaften, verlässlichen Auftritt.

Empfehlungsmarketing und Vitamin B sind sehr wichtig!
Zeige in der Öffentlichkeit Präsenz: Erst durch internationale Kongresse ist es Dräger gelungen, ihre Geräte in verschiedenste Länder zu exportieren.

Und in Bezug auf Social Media gilt sogar: „Es geht nicht darum, wen DU kennst, sondern darum, wer DICH kennt."

Mitarbeitende
Faktoren für eine Einstellung

Alice: *Ich finde, eine weitere wichtige Sache in der Unternehmensführung sind die Mitarbeitenden. Denn die sind ja auch so etwas wie Kunden. Ohne die kann ich nicht viel bewegen. Also noch bin ich ja klein und brauchte bisher noch nicht so stark darauf eingehen. Aber ich hatte dir ja bereits von meiner Mitarbeiterin erzählt.*

Christian: Wenn es um Mitarbeiter geht, möchte ich dir nun von Dr. Georg-Wilhelm Oetjen erzählen, den ich vorhin bereits erwähnte. Denn er war einer der allerwichtigsten Mitarbeiter und bis zu seiner Pensionierung 1987 Entwicklungschef bei uns. Er wurde 95 Jahre alt! Im Vorstand waren wir bis dahin drei Personen, nämlich drei Dräger: Mein Vater, mein Bruder Theo und ich. Und dann kannst du dir vorstellen, was das für ein Theater war, als wir schließlich zu der Meinung kamen: Wir brauchen einen technischen Vorstand, also ein viertes Vorstandsmitglied!

Alice: *Was war das Problem?*

Christian: Das war nicht leicht zu finden, wir brauchten jemanden, der das Vertrauen des alten Herren hatte und ebenfalls uns beiden Jüngeren gefiel. Dr. Oetjen hatte sich bereits bei der ersten Suche vorgestellt, er war einer von sechs Bewerbern. Der Aufsichtsrat lehnte ihn allerdings ab. Theo und ich suchten uns anschließend einen jüngeren, etwa gleichaltrigen Bewerber aus. Mein Vater einen älteren. Glücklicherweise hatten wir einen klugen Aufsichtsrat, der sagte: „Den alten Bewerber können wir den beiden Jungen, Christian und Theo, nicht zumuten. Und den jungen Bewerber, den können wir dem alten Heinrich nicht zumuten. Also suchen wir einen in der Mitte!" Danach, das weiß ich noch wie heute, rief der eine Aufsichtsrat bei mir an und sagte: „Herr Dr. Dräger, Dr. Oetjen wäre noch zu haben." So kam es, dass wir doch Dr. Oetjen als viertes Vorstandsmitglied einsetzten.

Alice: *Ach wirklich? Wieso habt ihr euch letztendlich doch für ihn entschieden?*

Christian: Theo und ich haben ein Gespräch mit ihm geführt und er gefiel uns sehr gut. Und Dr. Oetjen ist es gelungen, das Vertrauen meines Vaters zu gewinnen, sodass mein Vater seiner Einstellung zustimmte. Er wird ihn auch dadurch überzeugt haben, dass er sehr klug war. So genoss er das uneingeschränkte Vertrauen meines Vaters. Oetjen hatte übrigens über die Gefriertrocknung geforscht und geschrieben. Sein Werk ist heute noch ein Standardwerk.

Alice: *Ach wirklich? Ohne ihn gäbe es also womöglich keinen Instant-Kaffee!*

Christian: Ja, und dass Dr. Oetjen doch genommen wurde, das war ein Glücksfall. Ohne ihn gäbe es das Drägerwerk heute vermutlich gar nicht mehr. Er hat uns beigebracht, dass es verkehrt ist, wenn wir weiter darauf bestehen, uns nicht mit elektrischen Dingen zu beschäftigen, und stattdessen sagen: „Dafür haben wir Firmen, die das machen. Wir sind Mechaniker und machen Feinmechanik. Elektrische Dinge können wir nicht so gut, das können andere besser." Oetjen war der Überzeugung: „Das müsst ihr selbst machen!"

Alice: *Also hattet ihr einen guten Blick für innovative, kreative Menschen! Bei euch hätte ich also kein Seminar dafür geben brauchen, woran man diese Menschen erkennt! Ihr hattet ein Gespür dafür! Wenn man selbst innovativ und kreativ ist, hat man meist auch einen Riecher für Menschen, die ähnlich ticken.*

Christian: Ich weiß nicht, woran es lag, aber du hast recht: wir hatten fast immer ein glückliches Händchen bei der Auswahl unserer Mitarbeiter. Und so ging es dann schneller als gedacht: Plötzlich hatten wir einen richtigen Vorstand mit mehr als drei Mitgliedern, samt Aufsichtsrat und waren eine börsennotierte Aktiengesellschaft. Theo und ich fanden es auch immer wichtig, einen Bewerber gemeinsam zu begutachten und uns hinterher intensiv auszutauschen. Manchmal benutzten wir dazu auch Codes: Wir suchten einmal einen neuen technischen Vorstand. Als wir dann einen möglichen Kandidaten gefunden hatten, luden wir ihn zum Mittagessen ins Vier Jahreszeiten in Hamburg ein. Theo und ich hatten schon vorab einen Code vereinbart. Ich sagte zu Theo: „Wenn du den Kandidaten gut findest, sagst du: ‚Wir möchten, dass Sie unseren Aufsichtsrat kennenlernen. Wenn du ihn nicht gut findest, sagst du: ‚Das war ein sehr interessantes Gespräch. Wir müssen zunächst einmal mit unserem Aufsichtsratsvorsitzenden sprechen.'"

Alice: *So seid ihr also! Da muss ich demnach gut aufpassen, wenn ich hier bei euch bin, was du zu deiner Frau Gertrud sagst. Nicht, dass da auch irgendwelche versteckten Nachrichten drin sind! (Lacht)*

Christian: Ja, da pass mal gut auf! (Lacht)

Alice: *Worauf habt ihr denn noch geachtet, wenn ihr euch für einen Mitarbeiter oder Mitarbeiterin entscheiden musstet?*

Christian: Bei einer Beurteilung sind nicht nur der Werdegang und die Zeugnisse wichtig, sondern auch der persönliche Eindruck. Deshalb kann man das auch nur direkt machen, nicht per Video-Konferenz oder ähnlichem. Das geht nicht! Das muss von Angesicht zu Angesicht erfolgen.

Alice: *Klar, die Zeugnisse sagen eigentlich überhaupt nicht viel über einen Menschen aus. Die Begabtesten haben manchmal richtig schlechte Zeugnisse, wie ein Klassenkamerad von mir, jetziger Manager und damals doppelt sitzen geblieben. Aber ich finde, per Video-Chat kann man Leute schon auch ganz gut kennenlernen. Mit einem Praktikanten habe ich das Bewerbungsgespräch mal online geführt, da er aus Süddeutschland kam und das hat super funktioniert. Und mein Coaching gebe ich ja auch online. Man glaubt es gar nicht, aber auch so vor dem Rechner kann es sehr emotional und tiefgrün-*

dig werden. Es ist nur wahrscheinlich einfach nicht deine Zeit! Du bist nicht so daran gewöhnt wie ich. Ich glaube, auf Dauer könntest du dich auch damit anfreunden. Worauf habt ihr denn außerdem geachtet?

Christian: Bei meinem Vater und mir spielte zudem die Handschrift eine Rolle. Also meinem Vater war das wichtig, und ich habe ihm in die Hand versprechen müssen, darauf zu achten. Wir hatten mal einen Vorstandskandidaten von einer Personalberatung empfohlen bekommen. Der machte einen guten Eindruck, aber er hat sich geweigert, eine Handschriftprobe abzugeben. Aus diesem Grund haben wir ihn nicht genommen. Ich habe meine Handschrift nie einem Grafologen gegeben, aber ich vermute, dass mein Vater das getan hat, weil er es praktisch bei allen machte. Aber das Ergebnis dieses Gutachtens kenne ich nicht.

Alice: *Modern war eure Herangehensweise da ja nicht. Charakterinterpretation allein aufgrund der Handschrift vorzunehmen! Da kann ich diesen Vorstandskandidaten gut nachvollziehen. Ich dachte, bis dahin wäre die Grafologie schon längst nicht mehr benutzt worden. Man sagt doch, es sei parawissenschaftlich, fast schon esoterisch diese Methode. Ich finde eine andere Herangehensweise viel interessanter: Ein Bekannter aus dem Eventbereich schreibt seinen Kunden immer eine lange Liste, was alles vorzubereiten ist, damit ein Konzert stattfinden kann. Unter anderem schreibt er Dinge wie: „Die braunen M&Ms müssen aussortiert werden." Wenn ein Dienstleister darauf keinen Wert gelegt hat, weiß er gleich, dass er auch viele anderen Anweisungen vielleicht nicht richtig umgesetzt hat, und wird alles überprüfen müssen. Wenn der Auftragnehmer sogar an diese Kleinigkeit gedacht hat, dann weiß er wiederum: Die Person hat an alles gedacht! So ähnlich kann man es sicherlich auch mit Probearbeiten von Bewerbern machen.*

In Kürze:

Achte auf den persönlichen Eindruck: Bei einer Beurteilung sind nicht nur der Werdegang und die Zeugnisse wichtig, sondern auch der persönliche Eindruck. Höre auf dein Bauchgefühl bei der Einstellung von Mitarbeitenden!

Betrachte deine Bewerber genau und tausche dich, wenn möglich, mit deinem

Geschäftspartner oder Kollegen darüber aus. Unsere Interpretationen in das Verhalten des Gegenübers sind nicht immer richtig.

An Kleinigkeiten kannst du sehen, wie wichtig dem Bewerber die Arbeit ist. Stelle nur Menschen ein, wo du dir 100 % sicher bist. Es ist wie in einer Beziehung: Wenn du immer weiterhin auf eine Entwicklung deines Gegenübers hoffst, dann wirst du nie wirklich zufrieden sein.

Personalentwicklung

Christian: Jetzt habe ich dir zwar über die Einstellung von Vorstandsmitgliedern erzählt, aber noch nicht viel über die Einstellung von anderen Mitarbeitern oder auch Auszubildenden. Ich habe immer großen Wert auf unsere Ausbildung bei Dräger gelegt und auch auf eine gute Mischung der Auszubildenden. Deshalb war meine Maßgabe bei den Lehrlingen: 10 Prozent von ihnen müssen Volksschüler sein. Wir haben so einen guten Ruf, wir könnten alle Plätze mit Gymnasiasten füllen. Aber das wollten wir bewusst nicht.

Alice: *Mit Volksschüler meinst du heutige Haupt- und Realschüler, richtig?*

Christian: Ja, genau. Zur Ausbildung gehörte auch, dass man etwas gemeinsam unternahm, neben der reinen Lehre: So wurden die Lehrlinge, und zwar alle, zu Beginn ihrer Ausbildung in einen Outdoor-Kurs geschickt. Meist nach Süddeutschland – auf Wildwasser und leichte Bergtouren.

Alice: *(Lacht) Du hast sozusagen deine Leidenschaft fürs Wandern deinen Lehrlingen weitergeben wollen. Ich finde, jetzt wird es richtig interessant! Denn ich möchte unbedingt wissen, wie du Mitarbeitende und ganze Teams motivieren konntest. Menschen motivieren war schon immer eine Stärke von mir und das würde ich auch gerne in meinem Angebot für Firmen anbieten. Das ist jedoch wirklich nicht leicht!*

Christian: Mittlerweile ist dieses Outdoor-Kurs-Programm auch bekannt unter dem Namen "Wilderness Experience". Das wurde und wird bis heute sehr geschätzt. Der Betriebsrat fragte sich irgendwann: „Warum machen wir das eigentlich nur für unsere Lehrlinge? Das kann man doch auch mit den Mitarbeitern machen!" Das hat mich gefreut. Und so haben wir es erweitert. Aber einige Zumutungen sind schon dabei. Auch Mut gehört dazu, aber nicht nur. Ich hatte 1986 an einer dieser Veranstaltungen in Schweden teilgenommen. Damals lebte man eine ganze Woche lang nur von ein paar Löffeln Haferflocken am Tag, ich weiß nicht, wie das heute ist. Für unser Überlebenstraining hatten wir einen Ausbilder der schwedischen Luftwaffe. Der sagte immer: „Das Wichtigste, um zu überleben, das hast du zwischen den Ohren!" Und: „Nicht in Panik verfallen, sondern genau überlegen, was als Nächstes zu tun ist." Zelte gab es natürlich keine, die Unterkunft musste man sich selber bauen. Und dann hieß es am Abend: „Der Zeltplatz, der ist da drüben. Seht mal zu, wie ihr da rüberkommt!" Da waren wir erstaunt, denn es war eine Insel. Einer von uns musste erst einmal rüber schwimmen, auf die Insel mit einem dicken Seil. Damit zogen wir dann unsere Ausrüstung (Luftmatratzen, Rucksäcke etc.) rüber. Es ist eine absolute Herausforderung, das Überleben in der Wildnis – und das kannst du deinen Leuten nur zumuten, wenn du dir das selber zumutest.

Alice: *Wow, da wird ja einiges von einem abverlangt. Aber ich glaube, man kann auch sehr viel daraus lernen.*

Christian: Ja, bei diesem Trainer haben wir einiges gelernt.

Alice: *Das glaube ich dir. Wenn ich Coaching für Mitarbeitende gebe, gehört das ja meist auch zur Personalentwicklung oder teilweise auch zur Wiedereingliederung nach Krankheitsfällen. Aber an solchen Camps in der Natur hätte ich natürlich auch viel Spaß. Ich hatte ja damals ein Praktikum bei der Bundeswehr gemacht. An der BIWAK durfte ich aber leider nicht teilnehmen.*

In Kürze:

Nutze gemeinsame Erfahrungen zur Stärkung des Teams und um deine Mitarbeitenden wirklich gut kennenzulernen.

Setze auf Heterogenität: Vielfalt bringt einen meist weiter, sei es in Bezug auf das Geschlecht, das Alter, den Bildungsstand oder auch die Talente.

Nicht nur in der Wildnis, sondern auch in schwierigen wirtschaftlichen Situationen und vor wichtigen Entscheidungen findest du das Wichtigste, um zu überleben, zwischen deinen beiden Ohren! Verfalle nicht in Panik, sondern überlege genau, was als nächstes zu tun ist!

Mitarbeitenden-Führung

Alice: *Gibt es etwas, was du mir in Sachen Mitarbeiterführung empfehlen kannst, falls ich nochmal Mitarbeitende einstellen sollte?*

Christian: Ja, sicherlich, da gibt es viele Dinge, auf die du achten musst. Aber eine Sache möchte ich dir mitgeben: Egal welches Problem sich bei dir irgendwann ergeben sollte, du musst immer wissen: Es gibt in einem Unternehmen kein Problem, das sich letztlich nicht auf ein Personalproblem reduzieren lässt. Es ist wichtig eine klare Struktur im Unternehmen zu haben, an der sich die Mitarbeiter orientieren können. Aber ohne gute Mitarbeiter bringt auch die beste Struktur nichts. Die Hauptstärke unseres Unternehmens sind seine Mitarbeiter und ihr Engagement. Jedoch darf ein Unternehmen nicht abhängig sein von einzelnen Mitarbeitern – auch nicht vom Chef!

Alice: *Ja, die Unternehmenskultur. Anhand dieser zieht das Unternehmen ja auch Mitarbeitende an, die ähnlich ticken und die sich mit eben dieser Kultur identifizieren können.*

Christian: Und was ich gerade sagte, dass sich jedes Problem letztlich auf ein Personalproblem reduzieren lässt, gilt nicht nur in Richtung Mitarbeiter, sondern gilt auch für die Unternehmensführung.

Alice: *Wenn die Unternehmensführung das Problem darstellt, gibt es ja den schönen Spruch: Beim toten Fisch fängt der Kopf zuerst an zu stinken.*

Christian: Ja, das gilt auch für Chefs. Eine Sache noch, die ich dir von Thomas Mann mitgeben kann, ist der Satz, den der Gründer der Firma Buddenbrooks zu seinem Sohn sagt: „Mein Sohn, sey mit Lust bey den Geschäften am Tage, aber mache nur solche, daß wir bey Nacht ruhig schlafen können!" Auch aus meinem christlichen Glauben heraus kann ich sagen: Sei ehrlich und steh zu dem, was du gesagt hast. Tue nichts, was du später bereuen könntest!

Alice: *Wenn ich nachts bisher mal nicht gut schlafen konnte, dann war es eher wegen zu wenig Einnahmen und zu hohen Ausgaben und der Angst, nächsten Monat meine Miete nicht mehr zahlen zu können. Aber aus schlechtem Gewissen heraus zum Glück noch nicht.*

Christian: Mein Urgroßvater hat ganz schön beschrieben, warum es nicht nur damit getan ist, die Mitarbeiter fair zu behandeln. Es ist überliefert, dass er sagte: „Eine Hauptaufgabe des Fabrikanten ist es, seine Angestellten so für das Gedeihen des Werkes zu interessieren, dass sie ihre ganze Kraft dafür einsetzen." Das ist nur möglich, wenn der einzelne einen merkbaren Vorteil davon hat. Und um diesen Vorteil zu demonstrieren, führte er 1904 eine Mitarbeiterbeteiligung mittels Umsatzprämien ein. Mein Vater, der sich in zahlreichen wirtschaftstheoretischen Publikationen für eine selbstverantwortliche Altersvorsorge einsetzte, schuf 1957 ein erstes Vermögensbildungsprogramm für die Mitarbeiter.

Alice: *1904 Umsatzprämien für die Mitarbeitenden! Das war ja noch weit davon entfernt, dass sonst wo jemand von Mitarbeiterbeteiligung gesprochen hat.*

Christian: Ich nahm mir daran ein Beispiel und versuchte auch die Mitarbeiter am Gewinn des Unternehmens teilhaben zu lassen, um die Identifikation der Beschäftigten mit unserem Familienunternehmen zu erhöhen. Und mein Sohn macht da weiter. 2013 erhielten unsere Mitarbeiter das erste Mal die Möglichkeit, sich im Rahmen eines Mitarbeiter-Aktienprogramms am Unternehmen zu beteiligen. Für jeweils drei vom Mitarbeiter erworbene Aktien wurde eine Bonusaktie gewährt.

Alice: *Es ist eine generelle Frage: Wie wecke ich das Interesse meiner Mitarbeitenden? Das nennt man heute intrinsische Motivation.*

Christian: Gefühle sind hier ganz wichtig! Die Mitarbeiter müssen fühlen können, was ihre Arbeit für einen Sinn hat und was sie bewirkt. Dann kann man sie von innen heraus motivieren.

Alice: *Und hier gibt es auch Unterschiede, denn die Menschen, mit denen ich arbeite, kreative, innovative Menschen sind meist NUR mit intrinsischer Motivation zu begeistern. Sie müssen einen Sinn in ihrer Arbeit sehen. Deshalb sollte man solche Mitarbeitenden bereits in den Überlegungen mitnehmen, sie am Prozess teilhaben lassen und ihnen nicht einfach nur eine Arbeitsaufforderung geben. Mit extrinsischer Motivation, mit mehr Belohnung etc., erreicht man sie nicht, oder zumindest nicht auf lange Hinsicht.*

In Kürze:

Schaue dir dein Personal an, wenn du Probleme hast. Die meisten Probleme lassen sich auf ein Personalproblem herunterbrechen.

Gib deinem Unternehmen eine Struktur. Daran orientieren sich deine Mitarbeitenden. Mit zur Struktur gehört auch die Unternehmenskultur. Ein Unternehmen darf nicht abhängig sein von einzelnen Mitarbeitenden – auch nicht vom Chef!
Finde die richtige Führungsmannschaft.

Sei ehrlich und steh zu dem, was du gesagt hast. Tue nichts, was du später bereuen könntest!

Lasse deine Mitarbeitenden am Erfolg deines Unternehmens teilhaben!
Erhöhe die Identifikation der Beschäftigten mit deinem Unternehmen.

Motiviere deine Mitarbeitenden: Sie müssen fühlen können, was ihre Arbeit für einen Sinn hat und was sie bewirkt.

Trainiere dich in Menschenkenntnis und Geduld, finde Plätze und Situationen, wo du immer wieder neue Energie tanken kannst, um das Unternehmen gut zu führen.

Personalabbau

Christian: Als Vorstandsvorsitzender musste ich auch eine Fülle unangenehmer Entscheidungen treffen, ob personell oder organisatorisch. Aber mein Credo war immer: Das Unternehmen muss blühen und gedeihen.

Alice: *Wie bist du mit den unangenehmen Entscheidungen umgegangen?*

Christian: Um Entscheidungen zu fällen, braucht man Kraft, Klugheit und Geduld. Und alles drei kriegt man geschenkt. Vor allem sind gerade die wichtigen Entscheidungen meist die unangenehmen. Aber wie man ein Unternehmen führt, das gehört zu den Erkenntnissen, die ich nicht auf einmal gewonnen habe – das reift eher allmählich. Im Vordergrund steht, dass man Folgendes erkennt: Was sind gerade jetzt die wichtigsten Dinge? Was gilt es zu entscheiden und umzusetzen? Etwa neues Personal einzustellen oder Personal abzubauen, weil sonst Verluste entstünden. Oder ein Vorstandsmitglied zu entlassen. Eine Fabrik zu schließen, weil sie leider nicht mehr ins Programm passt. Das sind alles unangenehme Entscheidungen. Nur waren die Entscheidungen damals noch leichter zu treffen, bevor wir eine Aktiengesellschaft wurden. Durch unseren Gang an die Börse wurde alles sehr formal.

Alice: *Welche Entscheidungen waren denn besonders schwierig?*

Christian: Nehmen wir mal den „Personalabbau". Den kann ein Produktionsvorstand nie alleine durchführen. Da muss er sich mit dem Personalchef darüber verständigen. Anschließend wird die Unternehmensspitze angesprochen, und die Presse muss auch informiert werden. Über solche Entscheidungen spricht man im Vorstand schon aus formalen Gründen, aber nicht nur deshalb. Da der Vorsitzende solche Entscheidungen später rechtfertigen muss, müssen sie auch von ihm mitgetragen werden. Und das sind dann unangenehme Entscheidungen, wie der eben erwähnte Personalabbau, die Stilllegung eines Fertigungsbereichs oder die Verlagerung eines ganzen Unternehmensbereichs.

Alice: *Das glaube ich, dass das sehr schwierige Entscheidungen sind. Hast du denn ein Beispiel für mich, zum Thema Personalabbau?*

Christian: Ja, ich habe ein Beispiel für dich: Wir hatten damals Schwierigkeiten mit unserer stationären Gasmesstechnik in England, die fing gerade auf elektrischer Basis an. Wir hatten die schädlichen Gase in den Bergwerken bislang mit optisch zu prüfenden, chemischen Prüfröhrchen gemessen. Die elektrische Gasmesstechnik wurde zuerst in England entwickelt, in Blyth. Und dann stellte sich heraus, dass die (genau wie wir in Lübeck) auch Pressluftatmer fertigten. Nun machten die auch noch Gasmesstechnik, wie wir – und beides funktionierte nicht so richtig.

Alice: *Du meinst, beide Orte waren nicht rentabel oder meinst du, die gleiche Produktion an zwei verschiedenen Orten war nicht sehr schlau?*

Christian: Das letztere. Als wir den neuen Technik-Vorstand Dr. Oetjen einstellten, sagte dieser: „Das ist doch Unsinn, an zwei Standorten dasselbe zu machen. Das muss man bündeln! Wir konzentrieren uns in Lübeck auf die Gasmesstechnik. Ein, zwei Spezialisten nehmen wir zu uns und dafür gehen die Pressluftatmer nach England."

Alice: *Ja, das hört sich sinnvoll an.*

Christian: Das war auch sinnvoll, aber ich habe nie wieder eine Entscheidung gefällt, die von der Belegschaft noch schwerer verdaut wurde. Pressluftatmer raus aus Lübeck? Das war eine Säule der Beschäftigung, zudem eine Tradition des Hauses. Ich konnte die Mitarbeiter vollends nachempfinden und habe das dennoch machen müssen. Niemals bin ich mehr beschimpft worden! Aber es stellte sich dann relativ schnell heraus, wie nützlich das war!

Alice: *Das ist die Schwierigkeit, wenn man Dinge auf sich zukommen sieht, die andere noch nicht sehen. Das kenne ich nur allzu gut. Denn häufig sind die Zusammenhänge für andere noch gar nicht nachvollziehbar und sich auf sein Gefühl zu verlassen, kommt meist nach außen hin auch nicht gut an. Hast du denn manche Entscheidungen bereut?*

Christian: Nicht direkt. Aber manchmal musste ich mich von Vorstandsmitgliedern trennen, die ich selbst eingestellt hatte, weil es einfach nicht funktionierte. Das konnte niemand anderes als ich machen. Das war – strenggenommen – meine Hauptaufgabe. Später wurde ich oft gefragt, was genau mein Beitrag für das

Unternehmen gewesen sei. Da habe ich dann immer gesagt: „Meine Hauptaufgabe war mitzuerkennen, an welcher Stelle jemand das Unternehmen verlassen musste."

Alice: *Leute feuern? Das war deine Hauptaufgabe?*

Christian: Es kann mal eine falsche Besetzung geben. Es kann auch mal passieren, dass Mitarbeiter in den letzten 25 Jahren große Verdienste erworben haben, sich ihr Arbeitsgebiet inzwischen aber derart verändert hat, dass sie mit der Erfahrung, die sie mitbringen, für die nächsten zehn Jahre nicht mehr gerüstet sind. Darüber musste ich dann häufig entscheiden.

Alice: *Kannst du auch hier bitte nochmal ein Beispiel geben?*

Christian: Ein Beispiel ist der Einzug der Elektronik in die Beatmungstechnik. Da hatten wir ja noch gar nichts, waren völlig ohne unterwegs – vom Motor und dem Gebläse einmal abgesehen. Der damalige Technikvorstand schlug vor, dass wir auch in Elektronik investieren sollten. Ich sah das genauso. Daher mussten wir neue Mitarbeiter einstellen, und ältere Mitarbeiter dazu bewegen, früher als vorgesehen in Rente zu gehen. Hier auch ein Beispiel, warum ich mich gegen manche Mitarbeiter entschied: Es gab regelmäßige Besprechungen zu künftigen Entwicklungen zwischen Vorstand und Leitenden; wie schnell gewisse Dinge fertig gestellt werden sollten und Ähnliches. Die fanden zwei Mal im Jahr statt, und nannten sich Verkaufs- und Entwicklungsgespräche. Der Vorstand saß an der Fensterseite, in Ovalform, uns gegenüber die Betriebs- und Entwicklungsleiter aus den verschiedensten Bereichen. Ich saß meist in der Mitte des Vorstands, rechts von mir Dr. Oetjen, der technische Vorstand, daneben saß mein Bruder Theo als Finanzvorstand, und links neben mir der Vertriebsvorstand. Eines Jahres im Januar saßen wir also an der Fensterseite, und ich bin so furchtbar zugempfindlich. Und so habe ich mich umgesetzt, auf die gegenüberliegende Seite zu den Betriebs- und Entwicklungsleitern. Und sah nun den Vorstand aus einer völlig anderen Perspektive. Ja, und da ist mir aufgefallen, dass der Vertriebsvorstand überhaupt nichts beigetragen hat.

Alice: *War er denn früher aktiver gewesen?*

Christian: Nein, er war erst vor kurzem bei uns. Und in dieser Sitzung wurde er dann schon gar nicht mehr gefragt. Da braute sich natürlich schon was zusammen. Aber der auslösende Moment war meine Zugempfindlichkeit, die zu diesem Platzwechsel führte, und der wiederum zu einem Sichtwechsel: Wie da jetzt der Gesamtvorstand agierte, und zwar nicht nur für fünf Minuten, sondern den ganzen Tag. Und da konnte ich sehen, dass der Beitrag des Vertriebsleiters gleich null war.

Alice: *(Lacht) Ja, der Perspektivwechsel kann schon einiges bewirken. Da sind wir ja genau bei meinem Thema! Manchmal ist es auch sehr praktisch, feinfühlig zu sein! Kreative und innovative Menschen sind nämlich häufig feinfühlig. Leider werden solche Menschen häufig beschimpft mit „Sensibelchen" oder „Mimose". Dabei ist eine Mimose einfach nur eine Pflanze, die stark auf Erschütterung, schnelle Abkühlung oder Erwärmung und auf Änderung der Lichtintensität reagiert. Aber nach einigen Minuten strecken sich die eingezogenen Zweige und Blätter wieder aus, als wäre nichts gewesen. Wie du schon richtig sagtest, in der Technik, zum Beispiel der Grundlagenentwicklung oder auch heutzutage mit den Touchscreens an Handy und Computer, wird ein empfindlicher Flowsensor hochgeachtet. Hoffentlich wird der Flowsensor des Menschen auch bald mehr geachtet. Wie kamst du denn dann dazu, ihm zu kündigen?*

Christian: Ich habe gesehen, dass er der Gruppe nichts beizutragen hat.

Alice: *Ja, aber du hast nur gesehen, dass sein direkter verbaler Beitrag gleich null war, aber woher willst du gewusst haben, dass er wirklich nichts beitrug? Vielleicht war er einfach nur super schüchtern oder zurückhaltend, hatte aber womöglich viel mehr verstanden als seine Kollegen. Weißt du, worauf ich hinauswill?*

Christian: Ne, nicht so ganz.

Alice: *Na, du hast gerade deinen Perspektivwechsel beschrieben und dass dir erst dadurch auffiel, dass er bei der Diskussion nicht mitmachte. Ich denke aber, dass es wichtig ist, noch mehr Perspektivwechsel einzugehen, nämlich zu überlegen: Wie hat er sich vielleicht noch anders einbringen können ohne verbale Teilnahme an der Diskussion? Ich glaube auch, es wäre wichtig gewesen, ihn persönlich anzusprechen, bevor du ihm kündigst. Denn manchmal meinen wir über andere zu urteilen, ohne zu wissen, was wirklich in ihnen vorgeht. Und dadurch übersehen wir viele Talente.*

Christian: Du meinst also, er hätte vielleicht was beitragen können, wenn wir mehr auf ihn eingegangen wären?

Alice: *Ja, oder vielleicht hat er aus seiner Sicht viel beigetragen, was du aber gar nicht mitbekommen hast. Ich meine einfach, dass wir viele Talente übersehen, weil wir meist aus unserer Sicht urteilen, ohne den anderen offen zu fragen, wie er es eigentlich sieht. Eine Person, die nichts von meiner Erblindung weiß, könnte mir auch vorwerfen, ich wäre nicht aufmerksam und hätte keine Reaktionsfähigkeit, denn alles, was rechts von mir passiert, nehme ich ja gar nicht wahr. Erst durch das Gespräch mit mir würde die Person erfahren, dass ich halb blind bin und dann könnte sie mehr Verständnis für meine Situation aufbringen.*

Christian: Da muss ich mal drüber nachdenken.

Alice: *Aber war es dann nicht schwer für dich, dem Vorstandsmitglied die Kündigung auszusprechen?*

Christian: Am Anfang schon, ich musste es erst lernen. Schwierig war es vor allem, wenn dann die Warum-Frage kam. Es hat überhaupt keinen Zweck, auf diese Frage einzugehen. Denn die Diskussion führt zu nichts. Aber natürlich wurde ich gefragt. Das genau zu begründen, das habe ich mir über die Jahre abgewöhnt.

Alice: *Wenn du kein Warum nennst, gibst du dem anderen aber auch keine Chance sich zu verbessern und zu verstehen, woran er oder sie noch arbeiten muss.*

Christian: Wenn ich die Kündigung aussprach, war das oft ein ziemlicher Schock. Die meisten ahnten vorher nichts. Wenn sie dann nach dem Warum fragten, antwortete ich: „Das kann ich Ihnen nicht erklären, das hängt mit so vielen Dingen zusammen – das lässt sich nicht diskutieren. Wir sind uns einig, dass wir ihren Vertrag nicht verlängern möchten." Danach waren sie meist wie versteinert. Wir besprachen dann noch die Details sowie die reine Abwicklung des Ausstiegs.

Alice: *Auf der einen Seite versteh ich den Wunsch der Personen. Aber auf der anderen Seite verstehe ich auch, dass du manche Entscheidungen nicht begründen wolltest.*

Christian: Zum Schluss habe ich immer gesagt, und das war auch durchaus meine Meinung: „Ich hoffe, dass Sie, lieber Herr XY, Ihre Arbeit bei Dräger trotzdem in guter Erinnerung behalten – denn es war eine reiche Zeit, auch für mich. Wir haben einiges zusammen erlebt und das, was Sie insgesamt hier geleistet haben, das soll auch nicht vergessen werden."

Alice: *Gute Rhetorik! Hast du das irgendwo gelernt?*

Christian: Das war der wirkliche Wunsch, dass er uns in guter Erinnerung behält. Das war meine Überzeugung. Meine Erfahrung aus diesen Gesprächen: Wenn ich das Positive herausstellte, dann flossen oft Tränen. Ich habe mich immer darüber gewundert. Ich dachte, die kommen in dem Moment, wenn ich sage, dass die Person jetzt entlassen wird. Aber da kam zunächst „nur" eine Art Schockstarre.

Alice: *Das ist ja schon seltsam. Gingen denn die Kündigungen von dir aus oder wurde Kritik über die Person an dich herangetragen?*

Christian: Es wurde an mich herangetragen. Ich habe bei Vorständen, deren Arbeit nicht den Anforderungen entsprach, nie korrigierend eingegriffen. Denn bis das zu mir vordrang, war der Ofen meist schon aus. Ich kann mich nicht daran erinnern, dass eine Kündigung mal so richtig von mir ausging. Ob ein Vorstand gut arbeitete oder nicht, bekam ich meist auch durch den Kontakt zu den Kunden heraus. Die Kontakte musste ich selbst pflegen. Auch der Kontakt zu den Niederlassungen und Tochtergesellschaften, der ist wichtig. Letzterer ergibt sich meist von selbst, weil man dort regelmäßig erscheint, um sich ein Bild zu machen.

Alice: *Bei Kunden verstehe ich, dass man da ehrliche Rückmeldung bekommt, ob die Vorstände gut mitarbeiten. Aber wenn du die Tochtergesellschaften besuchst, hast du ja hauptsächlich mit den Führungskräften zu tun, oder?*

Christian: Ja, mehr zumindest.

Alice: *Denkst du denn, allein durch den Kontakt zu den Kunden heraushören zu können, wie der Laden wirklich läuft, wenn die Führungskräfte dir das Gelbe vom Ei erzählen? Reicht das? Ist es da nicht sinnvoller, direkt mit denen ganz unten zu reden? Denn wie heißt es so schön: Wenn du mit der Putzfrau redest, erfährst du, was wirklich in dem Laden läuft.*

Christian: Wenn ich so drüber nachdenke, hätte ich manches auch anders machen können. Da du Konfliktmanagement gelernt hast, hast du natürlich auch eine ganz andere Herangehensweise an solche Situationen als ich.

Alice: *Ja, Kommunikation ist schon sehr interessant. Wie häufig wir zum Beispiel ganz unbewusst in der Kommunikation vieles durcheinanderbringen und somit Missverständnisse kreieren. Vieles, was wir beispielsweise wahrnehmen, meinen wir direkt interpretieren zu müssen. Wie war denn so insgesamt dein Kontakt zu den restlichen Vorständen? Da es bei dir noch eine andere Zeit war, warst du wahrscheinlich mit allen per Sie, oder?*

Christian: Natürlich. Üblicherweise war mein Kontakt zu Vorständen sachlicher Natur. Bei Dr. Oetjen war das anders, wir waren auch regelmäßig bei ihm zu Hause, zum Abendbrot – und er bei uns. Das war alles sehr vertraut, aber wir blieben trotzdem beim Sie.

Alice: *Für mich persönlich ist das Sie einfach nicht mehr denkbar. Ich sage mittlerweile: Kunden, die auf dem Sie bestehen, brauche ich nicht mehr. Es ist einfach eine Einstellungssache. Da ich mit meinen Themen häufig sehr ans Eingemachte gehe, wenn es um Konflikte, Kommunikation oder andere Personalfragen geht, finde ich es komisch, dann weiterhin beim Sie zu bleiben.*

Christian: Wie ich dir vorhin bereits berichtete, als ich dir erzählte, wie ich meine Frau kennengelernt hab: Das „Du" war damals selbst nach zwei Jahren Bekanntschaft im Privaten noch nicht normal, geschweige denn im Beruflichen.

Alice: *(Lacht) Man musste dafür mit den Menschen 2.000 Meter hoch wandern, wie dein Kollege es immer tat, nicht wahr? Ob wir das geschafft hätten, mit deinem Rollator, wage ich zu bezweifeln. (Lacht)*

Christian: (Lacht) Das schaff ich auch noch! Ich lass mich dann mit dem Auto hochfahren!

In Kürze:

Nutze bei schwierigen Entscheidungen Kraft, Klugheit und Geduld. Und frage dich: Was sind jetzt die wichtigsten Dinge? Neues Personal einstellen oder Personal abzubauen?

Manche Entscheidungen musst du trotz aller Widerstände treffen, wenn du sie als richtig empfindest. Folge deinem Gefühl und deinem Instinkt!

Wechsel ab und an deine Perspektive, so bekommst du einen anderen Blick auf deine Arbeit und Mitarbeitenden.

Nutze die Eigenschaften deiner Mitarbeitenden: hohe Sensibilität kann ein Vorteil sein.

Sprich nicht nur mit deinen Führungskräften, sondern auch mit dem Personal, um dir ein Bild zu machen.

Innovative und kreative Mitarbeitende

Alice: *Ich beschäftige mich ja mit innovativen und kreativen Menschen. Schon oft habe ich bemerkt, dass gerade diese im Unternehmen Schwierigkeiten haben. Sie sind wie hohe Bäume, die aus der Masse hervorschauen. Sie sind anders und haben gute und neue Ideen. Beim Personalabbau, also bei einem Sturm, werden aber sie oft als Erste gefällt.*

Christian: Also ich steh dem anders gegenüber. Ich finde, als Geschäftsführer musst du versuchen, die Leute für dich zu gewinnen, von denen du weißt, dass sie es besser wissen als du. Wie ich es damals bei Dr. Oetjen gesehen hatte.

Alice: *Vor allem, wenn man weiß, wie kreative, innovative Menschen ticken, kann man einen Arbeitsplatz so kreieren, dass gerade diese Menschen sich in einer Jobanzeige auch angesprochen fühlen. Das ist dann auch wieder ein Thema für die Mitarbeiterführung, denn die Führungskräfte müssen ja mit sogenannten kreativen „Besserwissern" umgehen können. Wie hast du denn das in so einem großen Unternehmen organisiert? Dass auch die Führungskräfte so denken wie du?*

Christian: Systematisch haben wir das nicht organisiert, wäre aber ein guter Ansatz. Wenn aber eine Führungskraft nicht mit den Leuten im Hause umgehen kann, dann bezieht sich das auf alles andere, bis hin zum Kunden. Wir hatten mal einen ausgezeichneten Mann, der war wunderbar, er hatte nur einen einzigen Fehler: Er konnte nicht mit Menschen umgehen.

Alice: *Heute könnte man diese Menschen Nerds nennen, aber das ist auch unfair, alle Nerds in einen Topf zu stecken. Manche Nerds können doch sehr gut mit Menschen umgehen! Aber ich weiß, auch das kann man lernen. Gerade deshalb habe ich mich ja auf Nerds spezialisiert. Umgang mit Menschen ist lernbar. Und wenn diese Mitarbeitenden aufgrund ihres Könnens wichtig für die Firma sind, können auch die Kollegen lernen, mit ihnen besser umzugehen. Diese Menschen haben halt manchmal ein anderes Verständnis von Höflichkeit. Wenn das Team drumherum aber irgendwann versteht, wie dieser Mensch funktioniert, fühlen sie sich nicht mehr auf den Schlips getreten von ihrem Verhalten.*

Christian: Ja, vielleicht haben wir damals zu schnell entschieden, ihm zu kündigen. Aber damals haben wir einfach noch nicht so gedacht und auch keine Erfahrung damit gehabt. Zwischen uns beiden liegen 52 Jahre, das musst du bedenken!

Alice: *Du hast recht, die Zeiten haben sich zum Glück geändert. Wenn du magst, könnte ich noch ein Beispiel eines kreativen Mitarbeiters aus deinem eigenen Unternehmen bringen.*

Christian: Aber du hast doch nie für uns gearbeitet?

Alice: *Ne, es ist ja auch nur an mich herangetragen worden. Ich weiß nämlich von einem eurer Mitarbeiter, der während deiner Chef-Zeit bei euch gearbeitet hat. Er hat jahrelang die Travemünder Woche organisiert und da seid ihr sehr vorbildhaft mit ihm umgegangen. Denn kreative Menschen haben häufig viele Hobbys, sind sehr engagiert in Vereinen, und haben somit auch schnell drei Dinge, die sie gleichzeitig machen. Die*

Travemünder Woche organisieren ist viel Arbeit. Aber ihm wurde damals gesagt: „Du kannst hier drucken, faxen, die Kommunikationsmittel nutzen und auch während der Arbeitszeit mal für die Veranstaltung Telefonate führen. Wichtig ist, dass die eigentliche Arbeit nicht leidet."

Christian: Ja, das kann sein.

Alice: *Das ist motivierend für kreative Mitarbeitende, denn dann lohnt es sich für sie auch ihre Arbeit schneller zu machen, wo sie ja sowieso häufig sehr schnell mit Dingen fertig werden, außer sie verzetteln sich (Lacht). Das ist auf jeden Fall der beste Schutz gegen Bore-Out.*

Christian: Was ist denn Bore-Out? Ich kenne nur das Burn-out.

Alice: *Das sind eigentlich ähnliche Symptome am Ende. Bore-Out bedeutet, dass du vor lauter Langeweile krank wirst. Wenn kreative Menschen für ihre Arbeit bezahlt werden und nicht für die Zeit, die sie dafür brauchen, dann sind sie viel engagierter, denn sie wissen ja, dass sie die Zeit dann anders nutzen können. Weißt du eigentlich, dass ich bei euch in der Dräger Garage am 20. November 2018 bei dem Barcamp einen Vortrag gehalten hab zu dem Thema? Er hieß „Bin ich zu dumm oder einfach zu intelligent?". Lustig ist dann immer, wenn das Publikum ruhiger wird, die Leute fast schon peinlich berührt zu Boden schauen und ich merke, dass sie sich in meinen Beschreibungen wiederfinden. Wenn ich dann die typischen Eigenschaften und Probleme solcher Menschen aufzählte, nickten alle direkt mit dem Kopf: „Ja, ja, genau das ist mein Problem!". Nach solch einem Vortrag kommen dann viele noch zu mir mit Fragen. Viele sind auch deswegen berührt, weil sie sich selbst nicht unbedingt für innovativ, kreativ und intelligent gehalten haben.*

In Kürze:

Schaffe Strukturen in deiner Firma, die es Menschen erlaubt aus der Masse mit ihren Ideen hervorzustechen. Heterogene Gruppen sind gut, wenn sich die Talente gegenseitig ausgleichen. Fühle dich aber nicht auf den Schlips getreten von Besserwissern, sondern überprüfe, ob sie nicht doch Recht haben.

Lerne innovative, kreative Mitarbeitende kennen, versuche sie zu verstehen und richte deine Mitarbeitenden-Akquise und den Arbeitsplatz nach ihnen aus. Sorge dafür, dass Kollegen lernen, mit diesen Menschen umzugehen.

Gib jedem Menschen eine zweite Chance. Bei Komplikationen gehe auf die Personen zu, sage was dir missfällt und frage, warum die Person ein Problem damit hat, die gewünschte Leistung zu erbringen. Vielleicht stehen Bedürfnisse und Situationen im Weg, die du noch überhaupt nicht bedacht hattest.

Lass deinen Mitarbeitenden viel Raum und die Eigenverantwortung, ihre Zeit richtig einzuteilen. Workshops zu dem Thema sind gut, wenn dir auffällt, dass jemand sich verzettelt. Nur Mitarbeitende, die in ihrem freiwilligen Engagement und ihren Interessen außerhalb des Unternehmens gefördert werden und das Vertrauen ihres Arbeitgebers haben, dass sie trotzdem gut arbeiten, sind wirklich mit vollem Herzen dabei.

Beispiel Bernhard Dräger

Christian: Auch mein Großvater Bernhard war sehr kreativ und hat sich immer schnell gelangweilt. Auch wenn ich ihn nie kennenlernte, habe ich ja viel über ihn gehört.

Alice: *Ja, ich finde auch, dass dein Opa super zu dem Thema „Anderssein" passt. Als ich seine Biografie von Michael Kamp las, erkannte ich viele Eigenschaften an ihm, die darauf hinwiesen, dass er sicherlich auch ein sehr kreativer, innovativer Mensch war. Aber dein Großvater ist wirklich ein gutes Beispiel für ein Arbeiterkind, welches sich kaum das Studium leisten konnte, trotz seines Potenzials.*

Christian: Er hatte es nicht einfach. Sein Traum war es, Ingenieur zu werden. Sein Vater fürchtete aber, dass es zeitlich und finanziell schwierig werden würde, ihn noch drei Jahre in die Schule zu schicken und ihn anschließend studieren zu lassen.

Alice: *Ingenieur? (Lacht) Ich hatte doch gleich gemerkt, dass du Ingenieurblut hast,*

Christian! So neugierig wie du bist! Ein kleiner Nerd steckt ja auch in dir! Wie hat er denn dann letztendlich sein Studium finanziert? Er hat doch studiert, oder?

Christian: Mit 19 Jahren trat er in das Geschäft meines Urgroßvaters ein, das hatte ich dir ja schon erzählt. Er arbeitete dort als Werkmeister und Mechaniker. Er finanzierte sich so seinen Lebensunterhalt und konnte sogar als Hospitant die Prima des Katharineums in Mathematik, Physik und Chemie besuchen, um seine Lücken auf diesen Gebieten zu füllen. Sein wissenschaftliches Interesse wurde stark durch seinen damaligen Oberstufenlehrer, Prof. Dr. Hermann Küstermann (1840–1969), gefördert. Der hat ihn sehr beeinflusst. In seiner Freizeit durfte er sich bei ihm zuhause mit physikalischen Experimenten beschäftigen. Außerdem bekam er bei ihm auch Privatunterricht in Chemie und Astronomie. Die Experimente führte er im Katharineum durch und er versuchte sie weiterzuentwickeln und Neues zu erfinden. Diesem Professor ist mein Großvater zeitlebens dankbar geblieben. Aber seine Intelligenz soll auch dazu geführt haben, dass er sehr früh ernst und erwachsen wurde.

Alice: *Und schaffte er es dann noch zu studieren? Damals gab es ja noch kein Bafög oder ähnliche Hilfen. Es gab nur Studierendenverbindungen, die ja unter anderem als Ziel hatten, das Studium auch für Menschen zu ermöglichen, die von zuhause aus nicht genügend Geld dazu hatten.*

Christian: In einer Studentenverbindung war er nicht. Er war auch nur Hospitant an der Technischen Hochschule in Berlin-Charlottenburg. Dort wollte er sich Wissen und Können für seine Arbeit als Fabrikant von Geräten für flüssige und verdichtete Gase aneignen.

Alice: *Ja, das beste Beispiel für intrinsische Motivation! Die Geschichte deines Großvaters passt hier wirklich gut zum Thema Anderssein. Ein Individualist, Autodidakt und Nerd.*

Christian: In seiner Freizeit besuchte er später sogar noch philosophische Vorlesungen an der Berliner Uni. Also das breite Interesse, von dem du bei deinen kreativen Kunden geredet hast, war bei ihm auf jeden Fall vorhanden!

Alice: *Talente werden uns zwar in die Wiege gelegt, aber das heißt noch lange nicht, dass wir sie auch nutzen. Es gibt genügend von den sogenannten „Underachievern", die nichts aus ihren Talenten machen.*

Christian: Ja, aber ich glaube, er hatte einfach genügend Ehrgeiz und vor allem war er auch sehr selbstkritisch. Mein Urgroßvater hatte dazu mal aufgeschrieben: „Er lässt sich weder durch Lob noch durch Erfolg aus diesem Gleis bringen."

Alice: *Selbstkritik ist aber nicht immer hilfreich, um unsere Talente wirklich zu nutzen. Manchmal kann sie uns auch ziemlich im Weg stehen, vor allem der Perfektionismus!*

Christian: Das kenne ich nur zu gut von mir selbst.

Alice: *Das kann ich mir gut vorstellen. Du bist ja auch sehr intelligent und weise!*

Christian: Na, wenn du meinst. Ich wage das nicht über mich selbst zu behaupten. Ich weiß nur: Weisheit gehört zu den vier Kardinaltugenden – die man sich nicht selber zuerkennen darf. Weder die Weisheit noch die Bescheidenheit, Gerechtigkeit oder Tapferkeit.

Alice: *Du warst auf jeden Fall intelligent genug, um deine Dissertation zu schreiben! Ganz nach deinem Vater und deinem Opa.*

Christian: Mein Großvater erhielt seinen Doktortitel eigentlich nur ehrenhalber von Wilhelm II., als Würdigung für seine Verdienste um die technische Durchbildung der Sauerstoffschutzgeräte für die Armee. Intelligent war er schon, aber er hätte nicht die Zeit und das Geld gehabt, seinen Doktor zu schreiben. Später wurde er auch immer strenger mit sich selbst: Keine seiner Konstruktionen kam zum Einsatz, ohne dass seine Experimente und Versuche Erfahrung und Gewissheit brachten.

Alice: *Wir sprachen ja vorhin beim Thema Mitarbeitermotivation von der Motivation von innen heraus, der intrinsischen. Die schien bei deinem Opa auf jeden Fall vorhanden zu sein.*

Christian: Ja, das stimmt.

Alice: *Es ist wirklich bewundernswert, was er alles aus dieser Lage heraus geschaffen hat!*

In Kürze:

Zeige Interesse, damit kannst du Menschen beeindrucken und Förderer finden. Sei neugierig und willensstark und zeige Dankbarkeit für jedes Wissen, dass dir von Förderern geliefert wird.

Frage dich, wo deine Talente liegen, und beginne sie zu nutzen! Ein Talent kann verkommen oder genutzt werden.

Akzeptiere das Anderssein deiner Mitmenschen und Mitarbeitenden. Gehe niemals davon aus, dass alle Menschen so denken und funktionieren wie du, denn dann gehst du offener durch die Welt.

Talente mit und ohne Förderung

Alice: *Meine Mutter hatte leider nicht so tolle Lehrer wie dein Opa. Das erfolgreiche Leben hängt von so vielen verschiedenen Faktoren ab, bei sehr begabten Arbeiterkindern ist es wichtig, eine Beispielperson zu haben.*

Christian: Ja, denn so fehlt einem dann auch häufig das Ziel, auf das man hinarbeiten kann.

Alice: *Ja, ich glaube ein klares Ziel, wo sie hinmöchte, hatte meine Mutter nicht. Auch ihr soziales Umfeld in der Kindheit spielte eine Rolle, denke ich. Als wissbegieriges, neugieriges, intelligentes Kind in einer Arbeiterfamilie aufzuwachsen, ist nicht leicht, weil die Wissbegierde meist nicht gestillt wird. Diese ist ein Bedürfnis des Menschen. Ich glaube, dass man erkranken kann, wenn man dieses Bedürfnis nicht befriedigt und keine*

Umgebung findet, in der man sich auf Augenhöhe austauschen kann. Und sozial gesehen hat meine Mutter sich zwar immer viel Sorgen um andere Menschen gemacht und wollte helfen, aber sie ist nicht die feinfühligste, empathischste Person. Manchmal hat sie sich eher wie ein Elefant im Porzellanladen verhalten. Hätte sie im Intellektuellen mehr Förderung bekommen und auch die Möglichkeit, eine Universität zu besuchen, wäre sie vielleicht unter andere Leute gekommen und hätte sich dann nicht mehr so ausgegrenzt gefühlt. Das Alleinsein, das Nicht-Verstanden-Werden und die Ausgrenzung haben sie am Ende krank gemacht.

Christian: Ja, das kann sicher stimmen.

Alice: *Die Beschäftigung mit dem Thema anders, kreativ und innovativ sein oder auch eben autistisch, hat mir sehr geholfen, meine Mutter besser zu verstehen. Für all die Dinge, wo ich mir damals bei meiner Mutter so viele Sorgen machte und Lösungen suchte, hatte ich plötzlich eine Erklärung. Das war schon sehr erleichternd. Und eine Bekannte erzählte mir beispielsweise mal, dass sie sich immer sehr einsam fühlte in der Schulzeit und erst später in ihrem Naturwissenschaftsstudium Freunde fand. Denn unter diesen Leuten hat sie sich sehr wohl gefühlt und das hat sie sozusagen geheilt. In meinem Coaching versuche ich solche unentdeckten Talente auch immer zu verknüpfen mit Organisationen, wo sie ihren Interessen nachgehen und ähnliche Menschen treffen können. Denn mein Coaching hilft ihnen, sich selbst besser zu verstehen und sich nicht mehr falsch zu fühlen, aber es ist auch wichtig, dass sie dann eine Umgebung finden, die ihre Talente unterstützt. Denn wenn sie im gleichen Umfeld wie vorher bleiben, verfallen sie meist auch wieder zurück in die pessimistische Lebenshaltung.*

Christian: Weißt du eigentlich, dass unser Sohn Bernd auch früher als Autist vermutet wurde? Später bekam er aber doch noch eine andere, weitere Diagnose.

Alice: *Ach ehrlich? Beim Asperger-Autismus gibt es ja viele sehr intelligente Menschen, 10 Prozent hochbegabte. Oder auch den High-Functioning Autismus. Bei meiner Mutter wurde irgendwann Autismus diagnostiziert, aber die anderen Diagnosen und psychischen Krankheiten sind natürlich trotzdem vorhanden. Ich glaube aber generell, jeder von uns ist ein bisschen anders und manchmal auch komisch (Lacht). Aber ich bin sicher, wir würden als Gesellschaft sehr davon profitieren können, wenn wir das Anderssein mehr akzeptieren würden und nicht direkt Krankheiten daraus machen.*

Christian: Autisten sind ja auch echte Talente und es gibt Möglichkeiten, sie zu fördern.

Alice: *Ja. Und es gibt auch Unternehmer, die dieses Talent erkannt haben und jetzt nutzen. Zum Beispiel hat Dirk Müller-Remus Ende 2011 die Firma Auticon in Berlin gegründet, die Autisten als Softwaretester beschäftigt. Und SAP arbeitet ebenfalls mit autistischen ITlern. Nur sind natürlich nicht alle Autisten ITler. Ich glaube, in der Zukunft haben wir noch gute Möglichkeiten, das Potenzial solcher Menschen viel besser zu nutzen und ihnen den Freiraum zu geben, ihre Talente wirklich zu entfalten. Hier passt der Spruch gut: blühen und gedeihen.*

Christian: Von diesen Firmen habe ich noch nicht gehört. Aber die Idee finde ich gut. Vor allem als Vater eines Sohnes, der ähnliche Schwierigkeiten hat.

Alice: *Autisten können viel lernen und sich gut entwickeln, aber auch die Umgebung kann viel von Autisten lernen. Wie ein Manager von Auticon, Paul Bussé, sagte: „Was ich von Autisten lernen kann, ist klarer zu kommunizieren."*

Christian: Und auch hier passt jetzt wieder unser Spruch: „Scheitern gehört zum Erfolg dazu!". Denn eine Krankheit ist auch eine Art von Scheitern. Und die Krankheit deiner Mutter hat dich sehr geprägt, eröffnet dir aber jetzt im Nachhinein unglaubliche Chancen, weil du wirklich weißt, wovon du redest.

Alice: *Ja, so kann man das auch sehen. (Lacht)*

In Kürze:

Lege Vorurteile ab! Von Autisten kann man lernen, so wie sie viel lernen und sich gut entwickeln können.

Nutze das Potenzial: Nicht jede Andersartigkeit ist eine Krankheit. Viel lieber sollte man den Einsatz und die Leistung nutzen, die Menschen mitbringen, die anders sind. Akzeptiere Menschen mit ihrem Anderssein und schaue, welche Talente sie haben und nutzen könnten, statt auf ihre Fehler zu schauen.

Gehe auf Mitarbeitende zu, die sich sozial komisch verhalten, sich abgrenzen und nicht gerne bei Gruppentreffen dabei sind. Frage sie, was sie brauchen und sich wünschen. Eine mitarbeitende Person, der es in Gruppen zu laut ist, wird eine gemeinsame Einladung zum Pizzaessen nicht als angenehm empfinden und erst durch das Gespräch wird es dir möglich sein, dieser Person auf ihre Art und Weise dein Dankeschön zu zeigen.

Stille die Wissbegierde und Entwicklungswillen deiner Mitarbeitenden. Wenn sie sich bei ihrer Arbeit langweilen, werden sie auf Dauer nicht mehr produktiv sein können.

Wenn du die persönlichen Ziele und Visionen deiner Mitarbeitenden kennst, kannst du sie auch besser für die gemeinsame Firmenvision begeistern.

Teil III – Loslassen heißt Zulassen

Das Drägerwerk nach Christian
Erneuter Übergang: vom Vater zum Sohn

Christian: Wenn wir von dem Anderssein sprechen, muss ich auch an meinen Sohn Stefan denken. Im Kindergarten war es anfangs sehr schwierig mit ihm. Er blieb einfach nur in einer Ecke sitzen und wartete darauf, wieder abgeholt zu werden. Er verstand nicht so wirklich, was dieser Kindergarten ihm bringen sollte. Aber wenn es zuhause dann um Technik ging, blühte er auf. Er nahm Telefone auseinander und baute sie wieder zusammen, hat sich ein Radio selbst gebaut und heizte einer kleinen Dampfmaschine so lange ein, bis ihr Kessel explodierte. Und vor allem faszinierte ihn der elektrische Strom. Er hat beispielsweise den Verteilerkasten unseres Hauses damals unter Spannung umgebaut.

Alice: *Das Ingenieursblut des Urgroßvaters war sozusagen auf ihn übergegangen?*

Christian: Ja, als ob sich das über Generationen weitervererbt, tickte mein Sohn Stefan sehr ähnlich wie sein Ur- und Ururgroßvater.

Alice: *Wenn er an Eurem Verteilerkasten spielte, hattest Du da keine Angst, dass am Ende Euer ganzes Haus womöglich in die Luft geht? (Lacht)*

Christian: Nein, wir vertrauten ihm da voll und ganz. Ich kann zwar von uns selbst nicht sagen, ob wir gute Eltern waren, aber das Glück hatte er auf jeden Fall auf seiner Seite.

Alice: *Was für Auswirkungen hatte es auf ihn, dass er aus einer wohlhabenden Familie kam? Wurde er früher dafür gemobbt?*

Christian: Im Kindergarten wussten zwar die Kindergärtnerinnen davon, aber die Kinder nicht, außerdem sind sie zu jung, um das zu begreifen. Stefan habe ich es auch nie groß erzählt. Er meinte, er habe erst in der Schule durch seine Mitschüler überhaupt davon erfahren.

Alice: *Dass du eine der größten Firmen in Lübeck führst und besitzt? Warum hast du es ihm denn verschwiegen? Hatte es dich so negativ beeinflusst, dass dein Vater dir bereits so früh das Unternehmen überschrieben hat?*

Christian: Ja, das wollte ich meinen Kindern nicht antun. Deshalb habe ich zuhause nur selten über das Unternehmen geredet.

Alice: *Und wann hast du begonnen, mit Stefan über eine mögliche Weiterführung des Familienunternehmens zu reden?*

Christian: Ich wollte es anders machen als mein Vater und hab ihm deshalb viel Zeit gelassen, sich anderswo erstmal einzuarbeiten, umzuschauen und Erfahrungen zu sammeln. Sein großes Interesse am Basteln habe ich auf jeden Fall früh wahrgenommen. Und das hat mich beruhigt.

Alice: *Du wusstest sozusagen, dass er eventuell später Interesse daran haben könnte, das Familienunternehmen weiterzuführen? Denkst du, er hat gemerkt, dass dir sein Interesse am Basteln gelegen kam?*

Christian: Ob Stefan das gemerkt hat, weiß ich nicht. Stefan hat eine ganz wunderbare, große Eisenbahnanlage gebaut – da stellten die Züge selber die Weichen und die Signale. Das habe ich bewundert! Ich habe zu ihm gesagt: „So etwas hätte ich früher auch gerne gehabt!" Ich fand es schön, dass er so ein technisches Interesse hat.

Alice: *Hat er später Technik studiert?*

Christian: Bei Stefan war das Technische zwar ganz stark ausgeprägt, und er marschierte nach der Schulzeit in Richtung Technik, aber er wollte nicht an eine Universität, um zu studieren. Da bot sich ein Duales Studium an. Ich habe ihm dann eine Stelle bei Hewlett-Packard (HP) besorgt.

Alice: *Die hast du ihm besorgt? Er erzählte mir, er habe sich damals selbst bei Hewlett-Packard (HP) beworben und einen anspruchsvollen Prozess ordentlich durchlaufen.*

Christian: Ja, das kann auch sein. Ich weiß es nicht mehr genau. Ihm war auf jeden Fall bewusst, was das für eine gute Firma war. HP war damals eine der ersten Firmen in Deutschland, die ein duales Studium anbot, mit der Berufsakademie Stuttgart. Stefan hat das gerne gemacht und am Ende seinen Diplom-Ingenieur (BA) erhalten. Das ist der Abschluss, den man an der Berufsakademie erwirbt. Er hatte nie den Ehrgeiz, auf die Uni zu gehen. Ihm genügte das, weil es eine ganz hervorragende Ausbildung war, mit viel Praxisbezug. Die erforderte auch viel Disziplin und den Verzicht auf großzügige Semesterferien. Nach seinem Abschluss hatte er elf Angebote von Firmen, die sich darum rissen, die Absolventen dieses Kurses zu bekommen. Eigentlich zwölf, denn vom Drägerwerk hatte er auch ein Angebot erhalten.

Alice: *Christian, auch da hat Stefan mir was ganz anderes erzählt. Er erzählte, dass er sich von HP schlecht behandelt fühlte im Bewerbungsprozess, sich extern beworben hätte bei insgesamt zwölf Firmen und dann zu zwölf Bewerbungsgesprächen eingeladen wurde, und dann zwölf Angebote hatte. Er betonte, dass das Drägerwerk nicht dazu gehörte.*

Christian: Ok, das kann sein. Da wird er wohl Recht haben.

Alice: *Das macht es mir aber schwierig zu verstehen, was jetzt WIRKLICH passiert ist, wenn ihr immer so verschiedene Erinnerungen habt. Verstehst du mein Problem?*

Christian: Ja, aber ich war wirklich überzeugt, dass es so passiert wäre.

Alice: *Ok. Wenn wir jetzt zu dem Lebensweg von Stefan zurückkommen, dann ist er ja deinem Lebensweg nachgeeifert ... auch erstmal eine Ausbildung zu machen und weit weg in den Süden zu gehen.*

Christian: Ja, ich glaube, er wollte mir nacheifern. Jedenfalls wollte er weit weg von zuhause, um sich abzunabeln.

Alice: *Und wann und wie ist er dann in das Drägerwerk gekommen?*

Christian: Wie er dazu bewegt wurde, meinen Job zu übernehmen? Für meine Nachfolge war Stefan die allererste Möglichkeit, die zunächst ausprobiert werden musste: Ob er sich das vorstellen könne und auch wirklich möchte.

Alice: *Viele Unternehmerkinder wollen ja gar nicht das Familienunternehmen weiterführen, weil sie gesehen haben, dass der Vater in ihrer Kindheit kaum Zeit für sie hatte, und sie ihren Kindern mehr Zeit und Aufmerksamkeit schenken möchten.*

Christian: Ja, für diesen Übergang werde ich von vielen meiner Kollegen beneidet. Sie haben auch ein Unternehmen großgezogen, mitunter mehr als eines. Die meisten hatten eigenen Nachwuchs, aber der wollte das nicht übernehmen, aus den von dir genannten Gründen. Andere wiederum hatten einen möglichen Nachfolger, der das durchaus wollte. Der Vater war aber der Meinung, dieser sei nicht geeignet. Deshalb bin ich sehr beneidet worden, dass das bei uns so klappte. Stefan brachte alle Fähigkeiten mit sich.

Alice: *Welche waren das?*

Christian: Er war Ingenieur und hatte sich hochgearbeitet als Spezialist für Leittechnik von Abfallverbrennungsanlagen. Er wollte einen interessanten Job und nette Kollegen – und das alles hatte er als beratender Ingenieur in Stuttgart. Er war angesehen unter seinen Kollegen, weil er sich sehr schnell in die Leittechnik eingearbeitet hatte. Und, soweit ich weiß, eigentlich gar nicht an meine Nachfolge gedacht hatte – darauf spekuliert schon gar nicht. Es gab also gar keine Veranlassung für ihn, den Job zu wechseln. Und dann kam ich zu ihm, denn irgendwann musste ich feststellen, wer der Nächste ist.

Alice: *Bist du auf ihn zugegangen oder ist er auf dich zugekommen?*

Christian: Das war ich. Ich fragte ihn, ob er nicht meinen Job übernehmen wolle, wenn es so weit ist. Da hat er noch in Mönchberg bei Herrenberg in Baden-Württemberg gelebt, mit seiner damaligen Verlobten, seiner späteren ersten Frau. Er sagte nach kurzer Überlegung, weil es sich ja schon so abzeichnete, weil er der Älteste ist und die richtige technische Ausbildung hatte: „Ja, Vater, ich mach das – unter einer Voraussetzung: Wenn, dann darfst du mir da nicht reinreden!" Über die Bedingung, die er mir setzte, war ich weder beleidigt noch stolz. Das Wort „Stolz" kommt bei mir eh nicht so richtig an. Weil ich weiß, wie gering mein Anteil an Stefans Erfolg ist. Ich kann nichts dafür, dass Stefan schon mit zwei Jahren Telefone auseinandergebaut hat. Und auch nicht dafür, dass er sich dieses Ingenieurwissen so schnell angeeignet hat. Trotz dieser Bedingung, die er mir setzte, hab ich natürlich sofort ‚Ja' gesagt. Weil ich das selber auch am eigenen Leib erfahren habe mit meinem Vater, dass das manchmal störend sein kann, wenn der alte Herr noch mitmischt. Das Allerwichtigste für mich aber ist, dass er das Ziel unserer Arbeit genauso sieht und verfolgt wie ich seinerzeit. Nämlich: Das Unternehmen in einem besseren Zustand an seinen Nachfolger zu übergeben, als er es von mir übernommen hat.

Alice: *Aha, hört sich interessant an was du erzählst, Christian. Aber auch da stehe ich wieder vor dem Problem: Ich kenne noch eine andere Version und wo ist die Wahrheit?*

Christian: Echt? Dann erzähl mal!

Alice: *Stefan erzählte, dass die Lernkurve in seinem ersten Unternehmen irgendwann abfLachte, und er sich erneut bei anderen Firmen beworben hat und dir einen langen Brief geschrieben hat, weil ihr immer noch nicht über Nachfolge gesprochen hattet. Und du immer gesagt hattest: „Man darf sich nicht aufdrängen als Nachfolger, das klappt nur, wenn man gefragt wird". Mir hat er also erzählt, dass er im Brief gefragt hat: „Vater, willst du jetzt nicht mal darüber nachdenken, mich zu fragen, ob ich das übernehme?"*

Christian: Das kann sein, aber das Dumme ist, an diesen Brief kann ich mich nicht erinnern. Sondern ich habe das Gefühl gehabt, jetzt musst du ihm das mal sagen.

Alice: *Kein Problem, ich habe mich selbst auch schon oft genug ertappt, dass ich mir einer Sache ganz sicher war und durch das Zurückblättern in meinem Tagebuch dann lesen konnte, dass meine Erinnerungen nicht der Wahrheit entsprachen. Wichtig ist für mich nur, da den Überblick zu behalten und zu verstehen, was WIRKLICH passiert ist. Stefan schreibt auch Tagebuch, und er hat eine Kopie von dem Brief gemacht, bevor er ihn an dich abgeschickt hat, und die hat er mir gezeigt. Ich glaube eher, es ist so, wie er sagt. Ich hoffe, da hast du Verständnis für, wenn ich so vieles hinterfrage.*

Christian: Natürlich, das ist ja auch wichtig, alles zu hinterfragen.

Alice: *Wie war es dann für dich, das ganze loszulassen und an deinen Sohn weiterzugeben? Dein Vater hat ja, wie du vorhin erzähltest, bis zwei Jahre vor seinem Tod die Führung nicht abgegeben. Und das ist übrigens auch einer der Gründe, warum viele Kinder das Unternehmen der Eltern nicht übernehmen wollen: Weil die Eltern die Verantwortung nicht ganz abgeben, sondern bis ans Ende die Macht behalten wollen. Also wie war das Loslassen für dich?*

Christian: Ich war froh, als sich herausstellte, dass das jemand von meinen Kindern machen kann und auch gerne macht.

Alice: *Hatten deine Töchter nie daran gedacht?*

Christian: Ne, Stefan war der Älteste, dann kam ein Junge, der kein Interesse zeigte und durch seine Behinderung leider ausschied, dann erst zwei Mädchen und Stefan war für mich die erste Wahl. Ich hatte auch keine andere Wahl. Frauen mit einzubeziehen, war damals nicht üblich. Frauen in Führung gab es einfach noch nicht. Jetzt, in der nächsten Generation, also bei meinen Enkeln, ist das etwas anderes.

Alice: *Wie lief dann der Übergang von dir zu Stefan ab?*

Christian: Ich war froh, dass ich den Job loswurde. Für mich war immer klar, dass der Übergang nur gelingt, wenn ich auch loslassen kann. Das schlechte Vorbild meines Vaters war mir so gegenwärtig, dass ich es auf jeden Fall besser machen wollte. Wir haben einen Einarbeitungsplan erstellt, unter der Hilfe von tüchtigen Kollegen im Drägerwerk. Stefan hat erstmal verschiedene Posten im Drägerwerk gehabt, das war wie eine fortgesetzte Ausbildung. Das war nicht gedacht: ‚du musst jetzt was lernen', sondern lerne die Welt kennen und andere Kulturen, und schau mal wie das Geschäft von Dräger mit den Kunden funktioniert. Das geht am besten weit draußen, direkt nahe beim Kunden. Da siehst du dann auch gleich, welchen Eindruck die Zentrale in Lübeck dort im Ausland macht. Daran kannst Du dann später arbeiten. Und in den USA hat Stefan danach noch den Vertrieb für Gaswarnsysteme aufgebaut, in einem System von Manufacturers Representatives, da war er quasi Vertriebsleiter für dieses Teilgeschäft.

Alice: *Es wirkt so, als ob alles ohne Probleme funktioniert hätte.*

Christian: Da gab es keine großen Probleme.

Alice: *Aber wenn er seine Ausbildung schon längst fertig und schon einige Jahre als Ingenieur gearbeitet hatte, ist es doch ein bisschen spät, um nochmal wie ein Praktikant oder Auszubildender anzufangen?*

Christian: Da hast du Recht. Deshalb fanden wir eine Zwischenlösung. Stefan begann 1992 bei der neu gegründeten Dräger Tochtergesellschaft in Kanada. Da war er als Vertriebsmitarbeiter einer von acht Kollegen.

Alice: *Haben sich die Kunden nicht gewundert, dass einer der Ingenieure den gleichen Namen wie das Unternehmen hat?*

Christian: Natürlich. Aber sie haben es als reinen Zufall abgetan. Hier im Norden Deutschlands ist der Name Dräger ja auch nicht unbedingt ein Einzelfall.

Alice: *Und Ingenieur passt ja zu Stefan, aber Vertrieb ...*

Christian: Ja, das Verkaufen musste er erst liebgewinnen. Er sagte auch selbst, dass man im Vertrieb, und dann noch in einem fernen Land, Demut lernt. Aber heute inspirieren ihn die Gespräche mit Kunden und Mitarbeitern. Als ich 1997 in den Aufsichtsrat wechselte, hätte er sich den Vorstandsposten schon zugetraut. Später sah er aber ein, dass man mit unter 40 Jahren noch gar nicht die Erfahrung hat, um diese Position auszufüllen.

Alice: *Und 1997 hat dein Bruder Theo das Unternehmen dann übernommen?*

Christian: Nicht übernommen, aber er ist Vorstandsvorsitzender geworden bis 2005. Danach wurde Stefan dann zum Vorsitzenden bestellt. Theo ist ab 2005 stellvertretender Aufsichtsratsvorsitzender geworden.

Alice: *Also war Stefan dreizehn Jahre im Unternehmen, bis er die Führung übernommen hat. Wie haben die Führungskräfte ihn damals wahrgenommen?*

Christian: Weil sie gewusst haben, das ist der zukünftige Chef, haben sie sich auch

wenig beklagt. Ihre Haltung war: ‚es ist nun mal so und mit ihm müssen wir auskommen'. Aber er ist gut mit ihnen ausgekommen.

Alice: *Christian, ich habe gehört, dass es da eine Auseinandersetzung mit der damaligen Führungskraft von Stefan gab, dass diese Führungskraft nicht akzeptieren konnte, dass Stefan manchmal anders gehandelt hat, als ihm aufgetragen wurde, weil er der Überzeugung war, dass seine Art effektiver ist. Was war das für eine Auseinandersetzung?*

Christian: Ja, diese Führungskraft wollte einfach der Chef sein. Ohne das so direkt zu sagen. Der hatte seine eigene Vorstellung. Die beiden, das funktionierte einfach nicht, sodass er dann gegangen ist, weil er das gemerkt hat.

Alice: *In einem Zeitungsartikel steht, dass Stefan 2002 aus eurem Unternehmen ausgeschieden ist und erstmal drei Monate in die Wüste von Südalgerien verreist ist, aufgrund dieses Streites und um seine Wut loszuwerden.*

Christian: Ja, das stimmt alles, was Stefan da erzählt hat in dem Zeitungsartikel. Diese Führungskraft war möglicherweise etwas hartnäckig mit ihrem Glauben: „Ich bin der Chef".

Alice: *Ich habe es so verstanden, dass es auch nicht nur eine Führungskraft war, die den Ärger hervorgerufen hatte. Es soll Differenzen gegeben haben bezüglich der Strategie des avisierten Joint Ventures mit Siemens zwischen Stefan, dir und weiteren Führungskräften. Was hättest du denn gemacht, wenn Stefan zum Beispiel aus der Wüste nicht mehr zurückgekommen wäre? Hättest du dieser Führungskraft dann das Unternehmen irgendwann vererbt?*

Christian: Ne, ganz bestimmt nicht.

Alice: *Und wie war das für dich, als Stefan vor seinem Ausscheiden zu dir gekommen ist und dich vor die Wahl gestellt hat: Entweder der oder ich?*

Christian: Das kann sein, dass er das gesagt hat, aber ich kann mich nicht dran erinnern. Er hat es wahrscheinlich nur so empfunden: Mit dieser Führungskraft geht das einfach nicht! Wenn der bleibt, dann muss ich mir was anderes suchen.

Alice: *Und wie war das für dich, als du dich dann gegen deinen eigenen Sohn entschieden hast und als er dann drei Monate in der Wüste war? Hast du dir dann Sorgen um ihn gemacht?*

Christian: Ich hab nie gesagt, dass diese Führungskraft bleiben soll.

Alice: *Ok. Mir wurde erzählt, dass Stefan dann auf dich zugekommen sei und dir angeboten habe, den Laden doch zu übernehmen. Aber nur wenn ihr sozusagen einen klaren Vertrag schreibt und du da dann auch unterschreibst, auf deinen Nießbrauch zu verzichten, den du ja noch hattest.*

Christian: Einen Nießbrauch?

Alice: *Ja, den Nießbrauch, den du dir bei der Übertragung deiner Anteile an den Stimmrechten noch behalten hattest.*

Christian: Warum fragst du mich das alles eigentlich, wenn du es eh schon weißt?

Alice: *Gute Frage (grinst). Ich bin halt einfach zu neugierig und hab schon zu viel recherchiert. Ich glaube, diese Stelle ist fast eine der spannendsten in der Geschichte eures Unternehmens, denn da ging es ja nicht nur um einen Konflikt zwischen einer Führungskraft und deinem Sohn. Zu betonen ist ja, dass diese Führungskraft eine Führungskraft von Siemens war, die im Vorwege des Joint Ventures in euer Unternehmen gekommen und aufgrund der Verträge mit Siemens dann auch gar nicht so leicht mehr rauszukriegen war. Und spannend war es auch zu lesen, dass ihr die Siemens-Anteile dann später wieder zurückgekauft habt.*

Christian: Du hast dich ja schon ganz schön damit beschäftigt! Ja, Siemens hat damals seine Elektromedizinsparte bei uns eingebracht und erhielt dafür 35 % Anteile an der Dräger Medical. Den Abschluss des Vertrages mit Siemens für das sogenannte Joint Venture haben wir 2003 gemacht. Ende 2006 wurde diese Führungskraft von Siemens entlassen. Erst 2010 wurde die Zusammenarbeit mit Siemens dann beendet.

Alice: *Ich habe Respekt davor, dass ihr es geschafft habt, euch von Siemens wieder frei zu kaufen. Denn das ist ja schon fast Usus: Gründer haben eine gute Idee, suchen Sponsoren ... keiner will unterstützen, weil das Risiko zu groß ist. Wenn sie aber Erfolg haben, dann haben die großen Firmen plötzlich Interesse und kaufen sie auf. Die großen Fische verschlucken die kleinen. Aber ihr habt es geschafft, als kleiner Fisch durchzuhalten und jetzt selbst groß zu sein. Wie lief es denn, als Stefan zurückgekehrt war?*

Christian: Schon nach einem Jahr war ich froh, dass wir diese Verabredung hatten und ich ihm nicht mehr reinreden durfte. Ich hätte es sicher gemacht, doch das wäre nicht richtig gewesen. Denn gerade die Jüngeren waren begeistert.

Alice: *Insofern war es positiv, dass die Fronten gleich klar gesteckt wurden.*

Christian: Ja, mag sein. Eigentlich ist es mir auch nur das erste Jahr schwergefallen, ihm nicht reinzureden. Natürlich machte er einiges anders. Und häufig dachte ich: ... so hätte ich das nun nicht gemacht!'

Alice: *Kannst du ein konkretes Beispiel nennen?*

Christian: Etwa unsere Ausstellung: das „Dräger Forum". Das informiert umfangreich mit vielen Originalen über die gesamte Geschichte unseres Unternehmens. Dazu hatte ich mal die Idee. Nachdem Stefan das übernommen hatte, sagte er: „Das ist mir zu altbacken, das muss sich verändern." „Nun, mach mal", sagte ich. Und dann hat er es geändert.

Alice: *Wie hat er das Dräger-Forum denn verändert?*

Christian: Er hat es „entplüscht", wenn du so willst. Denn das war völlig anders, als ich es bisher gemacht hatte. Zum Beispiel hat er einen Riesenfelsblock installiert und aufgehängt an einem relativ dünnen Seil. Auf so eine Idee wäre ich niemals gekommen! Es sollte dazu dienen, dass man sich durch diese Situation klar wird, was Vertrauen bedeutet. Die Mitarbeiter und die Kunden waren begeistert. Ich anfangs nicht so.

Alice: *Das hat er aufgebaut?*

Christian: Er hat den Mitarbeitern die Freiräume gegeben, das so zu gestalten. Die Idee fand ich ein bisschen gewagt. Aber am Ende war ich auch überzeugt. Ich habe schnell gelernt, dass sich das eigentlich auf alles bezieht, nicht nur die Ausstellung. Weil sich vieles geändert hatte mit der Zeit: die ganze Denkweise, bis hin zur Sprache. Das fällt mir auch auf, wenn ich ab und zu noch mal in der Kantine sitze und Mittag esse. Das kommt nicht oft vor, aber dann und wann. Inzwischen erkennt mich da fast niemand mehr. Und dann sitze ich so daneben und kann hören, worüber die Mitarbeiter sprechen. Das ist dann ganz interessant! Erfahren tue ich aber gar nicht so viel, wie ich gerne möchte, denn die haben heute eine andere Sprache.

Alice: *Kannst du auch hier ein Beispiel bringen, damit ich es mir besser vorstellen kann?*

Christian: Wir hätten früher gesagt: „Da hat die Personalabteilung wieder mal gepennt!" Kommt ja ab und zu mal vor. Beim selben Sachverhalt heißt es heute: „Die HR People (Human Resources) waren wieder mal nicht online!" Ich habe bis dato nicht gewusst, was „HR People" sind. Es sind andere Wörter, die aber denselben Sachverhalt meinen.

Alice: *Ja, die Sprache verändert sich schnell. Ich habe noch eine Frage zu Stefans Übernahme: Denkst du Stefan musste etwas tun, was du nicht gemacht hast, was du sozusagen aufgeschoben hast?*

Christian: Ja, die Vernetzung. Er hat es durchgesetzt, dass alle Unternehmensteile weltweit zu einem System verbunden wurden. Ein zweidimensionaler Merger zwischen Medizin- und Sicherheitstechnik, und zwischen den Firmen in den vielen Ländern. Das war seine Vision, und er hat es dann umgesetzt.

Alice: *Vernetzung ist ja auch in anderem Zusammenhang wichtig. Heute läuft alles über IT. Denkst du eigentlich, dass sich auch unsere Werte durch die Digitalisierung verändert haben? Ich meine, du hast den enormen Wandel miterlebt und die Art der Führung von den Prozessen her.*

Christian: Da bin ich zu alt, um diese Frage beantworten zu können. Damals gab es noch gar keine Digitalisierung.

Alice: *Ich glaube, wichtig ist es immer, neuen Dingen aufgeschlossen gegenüberzutreten. Wenn man bedenkt, in welchem rasanten Tempo sich die Technik, IT und genauso die Werte unserer Gesellschaft verändern. Wie sagte meine Uroma so schön: „Ich bin alt wie´ne Kuh und lern immer dazu!"*

Christian: Wenn wir das mal wirklich täten!

Alice: *Ja, dann wäre vieles anders. Aber wenn wir von Werten unserer Gesellschaft sprechen, fände ich noch interessant zu wissen, wie du gegenüber Frauen in Führung stehst. Da hat sich ja auch zum Glück schon vieles verändert. Aber du kommst sozusagen noch aus der alten Generation. Damals, als dein Vater einen Nachfolger suchte, kamen ja Frauen noch gar nicht in Frage, oder?*

Christian: Ja, das war damals so. Meine Schwester Anneliese oder eine meiner vier Halbschwestern kamen nicht in Frage, um das Unternehmen zu übernehmen.

Alice: *Eigentlich ist es ein großes Glück, in dieser Zeit geboren zu sein. Ich habe als Frau viel mehr Rechte. Ich darf heute wählen, ich darf mein eigenes Bankkonto führen, ich darf Verträge unterschreiben, ich darf arbeiten gehen, ohne die Genehmigung meines Mannes einzuholen und ich darf selbständig sein!*

Christian: Du darfst sogar scheitern.

Alice: *Hmm, ja, so kann man es auch sehen.*

Christian: Frauen hatten damals zwar wenig Rechte, das heißt aber nicht, dass sie nicht schon damals unternehmerisch mitgewirkt hätten. Meine Großmutter Elfriede hat meinen Großvater immer sehr unterstützt, vor allem als er später krank wurde, und dann war sie ja auch Alleinerbin.

Alice: *Ja, zum Weltfrauentag habe ich einen Blogbeitrag über sie geschrieben. Ich habe echt Respekt vor dieser Frau – auch wenn sie damals nur im Hintergrund mitmischte. Und nachdem ich auch in der Biografie von Bernhard Dräger über sie las, habe ich den Eindruck gewonnen, dass sie wesentlich mehr zu sagen hatte, als beispielsweise dein Vater es später bei seinen Ehefrauen zuließ.*

Christian: Das kann sein.

Alice: *Aber die Chancen stehen ja nicht schlecht, dass in der nächsten Generation bei euch eine Frau das Unternehmen übernehmen wird.*

Christian: Wie meinst du?

Alice: *Na, bei deinem Sohn Stefan stehen die Chancen für eine Frau als nächste Chefin bei zwei Drittel. Er hat zwei Töchter und einen Sohn.*

Christian: Ach ja, stimmt!

Alice: *Wie fändest du es denn, wenn eine deiner Enkelinnen das Unternehmen übernehmen würde?*

Christian: Ich würde sagen: Ja, das ist ein kluges Mädchen, die macht das!

Alice: *Und du könntest dir vorstellen, dass eine Frau ganz oben ...*

Christian: Na unbedingt, ohne jeden Zweifel!

Alice: *Aber wenn ihr immer noch keine einzige Frau im Vorstand habt, stelle ich es mir für deine Enkelin schwer vor, das Unternehmen zu übernehmen.*

Christian: Es gibt doch genügend Unternehmen, die auch noch keine Frauen im Vorstand haben. Sie haben uns noch nicht genügend Zeit gegeben, dass diese Forderung umgesetzt werden konnte. Dazu muss die Forderung, mindestens eine Frau im Vorstand, auch erst Jahrzehnte bestehen, bis man sie dann realisiert.

Alice: *Die AllBright-Studie, von der ich diese Info habe, sagt auch, dass es in Familienunternehmen generell noch weniger Frauen an der Spitze gibt. Jahrzehnte darauf warten kann eine deiner Enkelinnen aber nicht mehr, denn Stefan geht ja auch schon auf die sechzig zu.*

Christian: Das stimmt natürlich.

Alice: *Emanzipation sollte aber wiederum auch keine Bevorzugung von Frauen bedeuten. Am besten wäre, dass das Geschlecht am Ende keine Rolle mehr spielt. Und würde es dich denn traurig machen, wenn das Unternehmen irgendwann nicht mehr in der Familie bleibt, sondern verkauft wird?*

Christian: Das hängt von den Umständen ab. Wenn sich in der Familie überhaupt niemand findet, weil alle sagen: „das mach ich nicht, zu viel Arbeit, das soll der andere machen! Mir genügt das, wenn ich die Dividende hab!" Wenn es so ist, dann können sie das Ganze verkaufen an Siemens und eine Siemens-Dividende einnehmen. Zum Glück halte ich das für wenig wahrscheinlich. Und das Gute ist, dass hab ich nicht mehr zu entscheiden.

Alice: *Und was glaubst du, wie die Arbeitswelt in 40 Jahren ist?*

Christian: Das wissen nur die Götter und selbst die nicht genau.

Lektion III: Aus Krisen lernen, Gelingen fördern

Coronakrise – Fehler sind zum Lernen da

Alice: *Ich will gar nicht wissen, was jetzt nach der Coronakrise passieren wird. Ich glaube, die Krise beginnt sogar erst nach der Pandemie. Ich kenne jetzt schon viele Deutsche, die ihre Selbständigkeit aufgegeben haben oder auch welche, die ausgewandert sind... Mal schauen, wie ich später in deinem Alter über die jetzige Zeit erzählen werde. Vielleicht wird die Arbeitswelt in 40 Jahren wieder ähnlich wie in den 60er-Jahren sein, denn bekanntlich wiederholen sich Krisen immer wieder. Damals wart ihr eine der ersten Firmen, die Gleitzeit einführten. Jetzt sitzen sogar die meisten im Homeoffice. Hättest du dir das damals vorstellen können, dass viele deiner Mitarbeitenden von zuhause aus arbeiten?*

Christian: Nein, zu meiner Zeit gab es noch gar kein Internet. Wie hätte das funktionieren sollen? 1997, als ich in die Stiftung wechselte und mein Bruder die Geschäftsführung übernahm, wurde langsam alles umgestellt auf Internet. Aber so wirklich miterlebt habe ich es nicht mehr.

Alice: *Schon vor der Coronakrise habe ich immer wieder Geschäftsführern und Personalern versucht zu erklären, warum sehr sensible, kreative Menschen von zuhause häufig besser arbeiten können und nicht so abgelenkt werden. Aber von Homeoffice hielt kaum jemand etwas. Viele hatten Angst, nicht mehr überprüfen zu können, ob ihre Mitarbeitenden wirklich arbeiten. Corona hat mir die Arbeit abgenommen, plötzlich brauchte ich keine guten Argumente mehr und musste niemanden mehr überzeugen.*

Christian: Manchmal sind es die Krisen, die uns zu positiver Veränderung zwingen.

Alice: *Ja, das stimmt! Und für euch hatte die Krise auf jeden Fall Vorteile. Durch Corona konntet ihr ja unglaublichen Gewinn machen. Außerdem hat euer Bekanntheitsgrad dadurch stark zugenommen. Also marketingtechnisch ist es ein Vorteil, bekannt zu sein als Firma, auch wenn du als Person immer gerne so unbekannt wie möglich bleiben wolltest.*

Christian: Ja, du kennst mich langsam. Firmen wie uns lernt man halt erst kennen, wenn Gefahr für Leib und Leben droht.

Alice: *Aber ihr lasst eure Mitarbeitenden ja am Gewinn teilhaben. Letztes Jahr wegen des Mehraufwandes durch die Coronakrise haben die Mitarbeitenden doch eine Beteiligungsmöglichkeit erhalten, oder? Ich hatte es zumindest in der Zeitung gelesen.*

Christian: Ja, die mehr als 7000 Mitarbeiter im Inland erhielten jeweils 1000 Euro. Außerdem bekamen sie fünf Vorzugsaktien geschenkt, im Sinne der Mitarbeiterbeteiligung. Inzwischen werden 6 % der Aktien von Mitarbeitern gehalten.

Alice: *Das ist gut, um die Mitarbeitenden zu motivieren. Als du mir letztens von der boomenden Produktion während der beiden Weltkriege erzähltest und von den Krisen, die euch danach einholten, fragte ich mich, was nach der jetzigen Krise folgen wird für euch. Denn, wie du schon sagtest, eure Geräte werden vor allem dann benötigt, wenn wirklich Not am Mann oder an der Frau ist. Und wenn die Krise vorüber ist, bekommen eure Produkte vielleicht nicht mehr die große Aufmerksamkeit. Dein Sohn hat ja letztens erst gesagt, dass das nächste Jahr auf jeden Fall nicht so erfolgreich wird wie 2020 und 2021. Kaum hatte er das gesagt, sind eure Aktien ganz schnell gesunken. Ich für meinen Teil werde mich auf jeden Fall neu aufstellen müssen, mehr zum Kunden ausrichten. Die Krise hat mir auf jeden Fall gezeigt, dass ich andere Wege einschlagen muss. Viele andere Unternehmen und Existenzgründende müssen sich jetzt komplett neu ausrichten, weil ihr Markt teilweise weggebrochen ist, oder sie kaum noch Mitarbeitende finden. Zum Beispiel die Gastronomie oder auch Flughäfen. Das heißt, viele Selbständige müssen sich wieder dieselben Fragen stellen wie am Anfang bei der Existenzgründung: Wo finde ich meine Kunden? Wen möchte ich bedienen? Was ist mein Produkt? Welche Ressourcen stehen zur Verfügung? Auch hier ist Durchhaltevermögen erforderlich, nicht aufgeben, mit dem Scheitern umgehen können!*

Christian: Qualifiziert überleben!

Alice: *Die Digitalisierung wurde ebenfalls stark vorangetrieben. Viele Menschen haben gesehen, dass sie nicht mehr angewiesen sind auf den Ort und wurden somit digitale Nomaden. Vor allem meine Generation spricht das an. Man kann in andere Länder verreisen und wenn man seinen Laptop mitnimmt, kann man von überall aus arbeiten.*

Christian: Das wäre zu meiner Zeit überhaupt nicht vorstellbar gewesen. Hier in der Familie habe ich mitbekommen, dass mein Sohn Stefan viel mehr Abende zuhause war und weniger Geschäftsreisen unternahm. Und meine Enkelin hat angefangen zu studieren ohne für mehr als ein Jahr jemals die Universität oder einen Hörsaal zu besuchen.

Alice: *Außerdem zeigt uns die Krise auf, was wirklich wichtig ist im Leben. Müssen wir wirklich ständig verreisen, wenn wir eigentlich die schönen Orte in unserer Heimat-Natur noch gar nicht kennen? Möchte ich den Hauptteil meines Lebens in Arbeit verbringen? Brauche ich eigentlich die riesigen Shopping Malls, die nun für lange Zeit geschlossen waren? Ich glaube, viele Menschen haben durch die Krise gelernt, was WIRKLICH wichtig ist im Leben, wie die Natur, die eigene Gesundheit und das Füreinanderdasein.*

Christian: Demut haben wir gelernt.

Alice: *Ja, absolut! Ich wünsche mir, dass wir als Gesellschaft gestärkt aus dieser Zeit hervorgehen. Denn Krisen im Leben sind dazu da, daran zu wachsen.*

In Kürze:

Nutze Krisen, um aus ihnen zu lernen und an ihnen zu wachsen. Sie zeigen uns, was WIRKLICH wichtig ist im Leben und somit können wir unseren Fokus neu justieren.

Manchmal musst du dich in einer Krise neu fragen: Wo finde ich meine Kunden? Wen möchte ich bedienen? Was ist mein Produkt? Hier ist wichtig: Gib nicht so schnell auf! Halte durch! Lerne mit dem Scheitern umzugehen!

Nutze deine Kreativität, um auch in schwierigen Situationen neue Wege zu finden!

Wiederholungen aus der Vergangenheit

Alice: *Aus Krisen kann man lernen, oder eben aus eigenen Fehlern. Aus so manchen Fehlern habe ich aber anscheinend nicht genug gelernt, sodass ich sie immer wieder begehe.*

Christian: Nicht nur du als Einzelperson. Auch wir als ganze Gesellschaft wiederholen häufig Fehler, die wir eigentlich schon erlebt haben.

Alice: *Ja, das stimmt. Wir sollten uns die Frage stellen: Ist unsere Herangehensweise richtig oder machen wir die gleichen Fehler wie früher? Deshalb finde ich dein Studienfach Wirtschaftsgeschichte auch super interessant, denn eigentlich könnten wir viel daraus für heute mitnehmen.*

Christian: Das stimmt, aus der Geschichte sollte man lernen.

Alice: *Ich habe übrigens letztens beim Rumstöbern in eurem Archiv einen Brief von deinem Opa Bernhard an die Kollegen aus Amerika gefunden. Er wurde Anfang des Ersten Weltkriegs geschrieben und hört sich fast wie aus 2020 an. Moment, ich habe ein Foto mit meinem Handy gemacht. Hier: „Der Reichsbank sind vom Bundesrat große Geldsummen zur Verfügung gestellt, damit sie Kaufleuten und Handwerkern Darlehen in bar auf Effekten und Waren aller Art gewähren kann, damit auch diejenigen Handelskreise, die nicht über genügende Barmittel verfügen, aber andere Werte besitzen, flüssiges Geld bekommen." Ist es jetzt nicht fast das Gleiche gewesen mit den ganzen Corona-Hilfen?*

Christian: Du hast schon recht, dass es sehr viel Ähnlichkeit derzeit hat mit der damaligen Zeit. Im Ersten Weltkrieg bekamen wir vom kaiserlichen Heer den Auftrag von zwei Millionen Gasmasken. Während des Krieges wurde meinem Großvater und Urgroßvater dann aber bewusst, dass das Lohnsystem für Krisen nicht gedacht war. Denn bis dahin bestand das System, dass die Belegschaft an der Produktion beteiligt wurde.

Alice: *Ah, kann man also sagen, ähnlich wie jetzt letztens eure Aktion für Mitarbeitende: Vier Aktien für den Preis von drei? Klar, die Mitarbeitenden am Gewinn zu beteiligen ist eine gute Möglichkeit, sie zu motivieren und vor allem auch zu binden.*

Christian: Ja, das kann sein. Von dem heutigen Ablauf der Firma bekomme ich ja nicht mehr viel mit. Eine andere Schwierigkeit, die damals auf uns zukam, war, dass auch die Qualität unserer Apparate stark darunter leiden musste, da viele importierte Rohstoffe während und nach dem Krieg knapp waren. Am Ende durften wir nur noch Ersatzmetalle nutzen. Wie schwierig das dann war, diese Qualitätsminderung unseren Kunden zu erklären, kann sich wohl jeder vorstellen.

Alice: *Das Ende des Krieges hat dein Uropa ja gar nicht mehr mitbekommen.*

Christian: Stimmt, er ist schon 1917 gestorben.

Alice: *Der Grund, warum sich häufig Dinge wiederholen, liegt ja darin, dass wir häufig unsere Ängste und Traumata gar nicht aufgearbeitet haben und sie teilweise sogar an die nächste Generation weitergeben und diese dann ähnliche Verletzungen und Scheiter-Erfahrungen sucht. Mir hat das kreative Schreiben damals sehr geholfen, meine Vergangenheit zu verarbeiten. Denn ich wollte nicht die gleichen Fehler, die meine Eltern oder Großeltern schon begangen hatten, wiederholen. Wir hatten jetzt über die Wiederholung der Wirtschaftskrisen gesprochen, aber es wiederholen sich nicht nur gesellschaftliche Themen, auch die privaten Wiederholungen finde ich spannend.*

Weitergabe von Ängsten und Traumata

Christian: Hast du das Theaterstück letztes Jahr auch geschrieben, um deine Erlebnisse zu verarbeiten?

Alice: *Unbewusst war das vielleicht mit einer der Motivationsgründe. Für das Thema transgenerationale, übergreifende Traumatisierung interessierte ich mich schon lange. Ich hatte auch bereits an Büchern dazu mitgeschrieben. Und die Kriegskinder-Problematik fand ich ebenfalls sehr interessant. Ich denke, dass die psychische Krankheit meiner Mutter und ihrer Schwester viel mit den Kriegstraumata meiner Oma zu tun hat, die übertragen wurden.*

Christian: Meinst du?

Alice: *Die Kriegskinder mussten irgendwie überleben und hatten gar keine Zeit, sich mit ihrem Trauma auseinanderzusetzen. Die Kriegsenkel, also meine Tante und Mutter, erkrankten nun an den Kriegstraumata ihrer Eltern, und meine Generation der Kriegsurenkel hat die Aufgabe, die Traumata aufzulösen. Im Coaching stoße ich mit meinen Teilnehmern immer wieder an Blockaden, die aus der Eltern- oder Großeltern-Generation stammen. Und das Theaterstück habe ich aus diesem Interesse herausgeschrieben. Nachdem ich mein Theaterstück auch in meinem Newsletter nannte, war es übrigens interessant zu lesen, wie viele meiner ehemaligen Teilnehmer selbst auch aus Flüchtlingsfamilien stammten.*

Christian: Dann hat das Theaterspiel ja doch viel mehr mit deinem Beruf als Coach zu tun, als ich vorher dachte. Du hast Kunst und Kultur genutzt, um gesellschaftliche Traumata und Blockaden aufzulösen?

Alice: *Ja, sozusagen. Und ich war auch sehr berührt, was für Gespräche zwischen den verschiedenen Generationen entstanden sind. Ich bin absolut der Meinung, dass Kunst sehr viel heilen kann. Aber mich betrifft das Thema Weitergabe von Ängsten und Traumata auch in anderer Weise: Mein Vater hat am eigenen Leib miterlebt, wie das Familienunternehmen Chaussures Moustier insolvent ging und vielleicht hat er seine Ängste unbewusst auf mich übertragen. Ich hatte dir ja bereits davon erzählt, diesen Ängsten begegnete ich immer wieder: Ängste vor der Selbständigkeit, Ängste vor dem Erfolg und vor allem wahrscheinlich auch Ängste vor dem Scheitern.*

Christian: Also weil dein Großvater insolvent ging, hat er diese Angst auf deinen Vater übertragen und er hat sie wiederum auf dich übertragen? Ich weiß nicht so ganz, ob ich daran glauben soll. Und hat dir dein Vater davon erzählt?

Alice: *Ja, das meine ich. Also ehrlich gesagt, haben weder mein Vater noch meine Großeltern oder Tanten darüber offen geredet. Alles, was ich von ihnen wissen wollte, musste ich ihnen damals aus der Nase ziehen und ich habe gemerkt, wie unangenehm es ihnen war, darüber zu sprechen.*

Christian: Natürlich, wenn man ein Familienunternehmen in die Insolvenz geführt und es dadurch verloren hat, ist es unangenehm darüber zu reden. Wie alt war denn dein Vater, als das Unternehmen insolvent ging?

Alice: *10 Jahre alt. Er lebte die ersten Jahre sozusagen im Luxus und besuchte eine Privatschule. Nach der Insolvenz ging es plötzlich tief bergab. Erst durfte er in der Mensa der Schule nicht mehr essen, weil sein Vater das Schulgeld nicht gezahlt hat. Später musste er die Schule wechseln und miterleben, wie mein Opa zum Alkoholiker wurde und wie er meine Oma und auch ihre Kinder schlug. Als meine Tante, das jüngste Kind, dann 15 Jahre alt war und ein Internat besuchte, verließ meine Oma ihren Mann. Sie legte lediglich einen Zettel auf den Küchentisch: „Ich bin weg". Das war alles!*

Christian: Das ist keine schöne Art, um eine Beziehung zu beenden.

Alice: *Das stimmt, aber ich verstehe ihr Verhalten. Ich versuche auch häufig meinen Opa zu verstehen. Er führte das Familienunternehmen in 3. Generation weiter. Seine Mutter machte ihm viel Druck. Wie ich dir schon berichtet hab, akzeptierte sie meine Oma nicht als Schwiegertochter.*

Christian: Das ist natürlich eine prägende Erfahrung.

Alice: *Obwohl meine Uroma viel Wert auf ihren Stand legte, starb sie am Ende verarmt. Auch da kann ich mir vorstellen, dass diese Erfahrung meiner väterlichen Familie an mich weitergegeben wurde.*

Christian: Meine Mutter hat ja auch die Insolvenz meines Großvaters erlebt und trotzdem habe ich unser Unternehmen dann ohne Ängste weiterführen können. Denkst du wirklich, dass solche Ängste weitergegeben werden?

Alice: *Ängste werden sicherlich übertragen, aber die Frage ist, wie wir damit umgehen: Lösen wir sie auf oder geben wir sie in die nächste Generation weiter? Du hast es anscheinend nicht weitergegeben. Ein weiteres Thema in meiner Familie war auch das Thema „uneheliche Kinder". Denn meine Großeltern durften nicht heiraten. Sie bekamen aber vier uneheliche Kinder und das war damals eine Schande. Frauen mit unehelichen Kindern wurden stark ausgegrenzt. Meine Großeltern bekamen es aber irgendwie hin, dass mein Vater und seine Schwestern den Namen des Vaters erhielten.*

Christian: Wie haben sie das denn geschafft?

Alice: *Anscheinend wurden sie als mutterlos gemeldet. Mein Vater wusste als Kind nichts davon, dass seine Eltern nicht verheiratet waren. Da er Moustier hieß, hat nichts darauf hingewiesen. Erst als er sechzehn war, erfuhr er es. Ich hätte fast Alice Loisel geheißen, wie meine französische Oma. (Lacht)*

Christian: Hört sich auch sehr hübsch an!

Alice: *Danke. Und aufgrund dessen hat meine Oma auch nie das Sorgerecht für ihre Kinder erhalten, was später für sie ein großer Nachteil war. Aber im ersten Moment war es echt schlau von den beiden, denn so konnten sie sich Anfeindungen entziehen.*

Christian: Wie wurde es deiner Großmutter denn zum Nachteil, dass sie das Sorgerecht nicht hatte?

Alice: *Meine Oma konnte nicht weg von ihrem Mann, der sie und die Kinder geschlagen hat, weil sie die Kinder hätte bei ihm lassen müssen, sie hatte ja keinerlei Rechte an den Kindern. Wie ich schon erzählte, ging sie erst, als das jüngste Kind bereits 15 Jahre alt war.*

Christian: Zum Glück darf man heute keine Kinder mehr schlagen. Mein Vater hätte sowas nicht getan. Er legte immer viel Wert auf Ehrlichkeit! Er hatte zwei Eigenschaften: Er konnte niemals etwas Schlechtes über andere Menschen von sich geben, schriftlich oder mündlich, und er konnte niemals sagen, was er Tolles gemacht hat, darüber sprach er nicht.

Alice: *Ja, echt ein großes Glück! Mein Vater hat mich auch nicht geschlagen, aber er hat halt seine Ängste auf mich übertragen. Er sagte häufig, ich solle mir doch besser einen festen Job suchen und nicht zu viel Geld investieren.*

Einfluss der Familie: „Heinrich! Wir brauchen Heinrich!"

Christian: In unserer Geschichte gibt es auch etwas, was sich wiederholt hat: nämlich das Einmischen von angeheirateten Familienmitgliedern.

Alice: *Stimmt, davon hattest du ja letztens schon berichtet, dass dein Vater immer Angst davor hatte, dass Einflüsse innerhalb der Familie auf das Unternehmen ausstrahlen könnten.*

Christian: Ein Beispiel dafür war Anna (1887–1984), die Halbschwester meines Großvaters Bernhard. In ihren jungen Jahren verliebte sie sich in einen Dänen – von ihm war mein Urgroßvater ganz beeindruckt. Herr Holm war elegant mit guten Manieren. Anna verlobte sich mit ihm und der Zeitpunkt der Hochzeit war schon festgelegt. Aber dann stellte sich heraus, dass er ein Hallodri war, ein Spitzbube. Es kam dann, so ist es glaubhaft überliefert, dazu, dass Bernhard zu seinem Vater sagte: „Vater, du kannst es dir aussuchen: entweder Herr Holm oder ich – wir beide können nicht hierbleiben. Du musst dich entscheiden, wen du haben willst!" Anna trennte sich dann wieder von ihm. Später heiratete sie den Architekten und Baurat Carl Mühlenpfordt.

Im zweiten Beispiel geht es um die Schwester meines Vaters. Sie heiratete einen angesehenen Mann, er war Solo-Cellist und ebenfalls im Drägerwerk tätig. Daraufhin schickten die Leiter einen Brief an meine Großmutter. Darin hieß es: „Sehr verehrte gnädige Frau, es besteht die Gefahr, dass Ihr Sohn Heinrich das Werk verlässt, da er sich überhaupt nicht verträgt mit Ihrem zukünftigen Schwiegersohn. Dieser beansprucht, hier das Sagen zu haben. Das können wir aber nicht dulden! Verehrte, gnädige Frau: Sorgen Sie bitte dafür, dass Heinrich bei uns bleibt. Wir brauchen ihn!" Ja, das war Meuterei! Aber meine Großmutter hat das eingesehen und dafür gesorgt, dass er woanders unterkam. Das war der zweite Fall von Rebellion, wo die Familie ungünstig auf das Drägerwerk einwirkte. Und mein Vater hat dann gesagt: „Das darf unter meiner Führung nicht mehr passieren!"

Alice: *Wie kann man denn so etwas verhindern? Die Familie hat ja immer irgendwie mit Auswirkungen, zumindest die Ehefrau des Vorsitzenden.*

Christian: Ja, mein Vater zog daraus die Einsicht: Nur einer darf das Sagen haben.

Er kaufte das Unternehmen aus dem Familienvermögen heraus, das Geld dafür hat er sich von meiner Großmutter geliehen. Dann, nachdem er alleiniger Eigentümer war, brachte er die gesamten Anteile in eine Gesellschaft ein, um derartige Einflüsse künftig auszuschalten. Niemand von uns in der Familie hat Drägerwerk-Aktien. Wir haben alle nur Anteile an dieser Dräger GmbH, der Familienholding. Und dort gibt es klare Mehrheitsverhältnisse. So ist sichergestellt, dass eben nur einer, zurzeit ist das mein Sohn Stefan, die Mehrheit hat, und allein entscheiden kann. Sowohl in der GmbH wie am Ende auch in der AG, weil die GmbH mit über 70 Prozent der stimmberechtigten Aktien hält. Dazu kommt mittlerweile noch die KGaA-Konstruktion, wo er alleiniger Inhaber des Komplementärs ist. So können sich innerhalb der Familie so viel streiten, wie sie wollen: Stefan ist der Chef und egal, um was die da streiten – absetzen können sie ihn nicht. Er hat das Sagen. Das waren die geschäftlichen Konsequenzen aus diesen familiären Ereignissen.

Alice: *Mein Großvater und Großonkel haben sich auch irgendwann getrennt, obwohl sie das Unternehmen zusammen geerbt haben. Daher verstehe ich die Entscheidung deines Vaters total. Aber was ich nicht verstehe ist, warum Theo dann mit in den Vorstand durfte, obwohl dein Vater sich ja für dich als Nachfolger entschieden hatte.*

Christian: Ich habe ihm gesagt, dass ich ohne Theo nicht arbeiten kann.

Alice: *Du hast ihn also überredet, weil du Theo dabeihaben wolltest. Interessant!*

In Kürze:

Ängste und Traumata können sich von Generation zu Generation übertragen. Frage dich: Sind das wirklich meine Ängste oder habe ich sie womöglich von einem Elternteil übernommen?

Nutze jede Krise für deine Veränderung, verzweifle nicht an ihr, sondern wachse durch sie. Jede Neuausrichtung birgt neue Chancen.

Wenn du spürst, dass du Themen aus deiner Familie wiederholst, dann suche dir Möglichkeiten diese zu lösen.

Flauten im Business sind normal, aber wichtig ist das qualifizierte Überleben.

Wenn eine Person bereit ist die Verantwortung für das Unternehmen zu übernehmen und du ihr vertraust, dann entscheide dich für eine Person und verhindere damit Auseinandersetzungen in der eigenen Familie.

Schlussgedanken

Alice: *Wenn ich unsere bisherigen Gedanken zusammenfasse, Christian, denke ich: ,out of the box´ zu denken und zu handeln ist sehr wichtig, um auf Dauer erfolgreich zu sein. Und dazu gehört auch, das Scheitern in Kauf zu nehmen, sich davon nicht runterziehen zu lassen, sondern, egal wie viel Schulden man durch das Scheitern hat, trotzdem weiterzumachen und nicht aufzugeben. Ich halte daher gerade ein stabiles Selbstwertgefühl, die Überzeugung etwas leisten und schaffen zu können, die Fähigkeit zur Selbstvermarktung und Veränderungsbereitschaft für sehr wichtig, um durchzustarten.*

Christian: Für mich gelten die Kardinaltugenden von Cicero als nachzustrebendem Ziel. Man sollte sie sich selbst nie zuschreiben, aber durchgehend danach streben: Weise und gerecht handeln, bescheiden und tapfer sein. Und mit dem Letzten sind wir bei dem, was ich dir ganz am Anfang sagte: „Ohne Risiko kann es keinen Gewinn geben!" Als Unternehmer musst du auch risikobehaftete Taten wagen. Du musst nicht immer der Allererfolgreichste sein wollen, aber du solltest nach qualifiziertem Überleben streben und nach dem Scheitern immer wieder aufstehen.

Alice: *Ja, das hört sich schlüssig an. Und gerade in den jetzigen Zeiten, wo sich vieles auf dem Arbeitsmarkt verändert, können diese Weisheiten von dir sicherlich sehr hilfreich sein für unternehmende Personen. Vor allem für uns jüngere, denn wir brauchen ja nicht erneut die gleichen Fehler machen. Was würdest du abschließend sagen, waren die wichtigsten Entscheidungen deines Lebens?*

Christian: Die Wichtigste: Als ich meine Frau kennenlernte. Da wusste ich gleich: ,Das ist sie!´. Ich weiß bloß, dass ich es plötzlich gewusst hab.

Alice: *Aber wenn du es sofort wusstest, brauchtest du ja eigentlich keine Entscheidung mehr treffen.*

Christian: Da hast du irgendwie schon recht. Aber jetzt musst du mir auch verraten, was deine wichtigsten Entscheidungen waren.

Alice: *Die allerwichtigste Entscheidung habe ich nach dem Schlaganfall getroffen: Nämlich die Entscheidung FÜR mein Leben und damit auch die Entscheidung, mei-*

nen eigenen Weg im Leben zu gehen, egal welche Hindernisse kommen. Dann 2017 die Entscheidung wirklich ganz in die Selbständigkeit zu gehen, ohne Sicherheiten, ohne Nebenjob. Also voll und ganz auf mein eigenes Können vertrauen. Und jetzt die Entscheidung, die ich im Laufe unserer Gespräche getroffen habe: Nicht mehr zurück in die Anstellung zu gehen, sondern mit der Selbständigkeit weiterzumachen, trotz meiner Schulden und all den Fehlern, die ich in den letzten Jahren begangen habe. Aus welchem Fehler würdest du sagen, hast du am meisten gelernt?

Christian: Schwierig zu sagen. Ich wurde so erzogen, dass man nichts überstürzt, dass man vorher überlegt und dass dadurch die Menge der Fehler verringert wird. Und wenn man so nur wenige macht, ist es schwer zu entscheiden, welche die größten waren.

Alice: *Gibt es einen Fehler, den du bereust?*

Christian: Nein ich kann mich nicht erinnern. Ich habe aus vielen Fehlern gelernt, aber einen großen Fehler, den ich bereut habe, gab es nicht.

Alice: *Im Nachhinein würde ich auch sagen, ich bereue keinen Fehler. Denn das, was ich daraus gelernt habe, ist so wertvoll fürs Leben, dass es sich gelohnt hat. Beispielsweise als ich während meiner Schulzeit mit 17 Jahren durch Irland gereist bin, wurde mir einmal mein ganzes Geld geklaut. Selbst für den Rückflug hatte ich nicht genug dabei. Nachdem ich erstmal viel geweint habe, fand ich dann einen kleinen Job in einem Kiosk, um das Geld für den Rückflug zu verdienen. Glücklicherweise kam ich noch rechtzeitig zum Ende der Ferien in Deutschland an. Daraus habe ich gelernt, zu verzeihen und das Vertrauen in mir selbst gespürt: „Ich werde schon eine Lösung finden. Ich brauche das Geld nicht so dringend wie die andere Person!" Außerdem konnte ich so schon mit 17 behaupten: Ich habe Arbeitserfahrung im Ausland!*

Christian: Manchmal ist es auch wichtig, nicht alles, was uns geschickt wird verstehen zu wollen. Denn Gott hat Dinge mit uns geplant, die wir gar nicht verstehen KÖNNEN.

Alice: *Deshalb ist es wichtig, nicht nur sich selbst in solchen Augenblicken zu vertrauen, sondern auch auf Gott, dass der Fehler, den ich begangen habe, jetzt irgendeinen Sinn hat. Und du würdest also sagen, dass du auf ein sehr erfolgreiches Leben zurückblicken kannst und damit zufrieden bist, was du geschafft hast?*

Christian: Ja, aber so kann man es nicht sagen. Denn alles, was mir widerfahren ist, dass ich Gertrud kennenlernen konnte, dass wir geheiratet und Kinder großgezogen haben, das ist ... bei Luther heißt das „Ohn' ein' Verdienst und Würdigkeit!", also das war keine besondere Leistung von mir, sondern das ist mir alles geschenkt worden.

Alice: *Worauf bist du besonders stolz, wenn du auf dein Leben zurückschaust?*

Christian: Es gibt vieles, wo ich dankbar bin, dass ich es geschafft habe. Besonders schwierig war, dass wir insgesamt die Generationenfolge so einhalten konnten, dass es weiterhin noch ein Familienunternehmen ist. Da kann die Familie als solche stolz sein, aber nicht ich als Einzelner.

Alice: *Ich weiß nicht, ob wirklich alles geschenkt ist. Ich finde schon, dass jeder Mensch auf das stolz sein kann, was er selbst geschafft hat. Gleichzeitig bin ich natürlich auch sehr dankbar für all die Erlebnisse und Menschen in meinem Leben, die mich zu dem Menschen gemacht haben, der ich jetzt bin, die mir die Stärke gegeben haben, immer wieder aufzustehen. Das wurde mir auf jeden Fall geschenkt, da stimme ich dir zu. Bist du glücklich geworden mit dem, was du geschafft hast?*

Christian: Ja, aber da kommt so vieles zusammen. Bist du denn glücklich?

Alice: *Ja, trotz der bisherigen Schwierigkeiten und auch wenn ich noch nicht wie du, auf ein langes und erfülltes Leben zurückblicken kann, habe ich gelernt, dass Glück eine Einstellungssache ist. Ich hoffe natürlich noch einen Großteil meines Lebens vor mir zu haben. Ich brauche nicht viel, um glücklich zu sein. Glück bedeutet für mich, jeden Tag mit seinen kleinen, schönen Dingen zu genießen und wertzuschätzen. Zum Glücklichsein brauche ich die Fähigkeit, optimistisch zu denken. Und hast du in deinem Beruf, in deinem Leben Erfüllung gefunden?*

Christian: Erfüllung habe ich das nie genannt. Ich war zufrieden mit meinem Beruf.

Alice: *Das ist auch schon etwas! Ich bin ja noch auf der Suche nach meinem Weg, deshalb würde ich es auch noch nicht Erfüllung nennen. Ich weiß aus dem bisherigen Coaching, dass es mich sehr erfüllt, Menschen auf ihrem Weg zu unterstützen. Egal, ob als Lehrerin oder als Coach oder als Rednerin: Ich mag es mit und für Menschen zu arbeiten. Obwohl ich bei all den komischen Gurus, die sich heutzutage Coach nennen, irgendwie den Begriff Coaching nicht mehr so gerne mag. Ich lasse mich überraschen, was für Ideen mir kommen, wie ich in Zukunft das anbieten kann, was ich möchte. Hattest du das Gefühl, du konntest deine Potenziale entfalten?*

Christian: Ja, unbedingt, das hatte ich. Wobei ich wohl nicht so wirklich sagen könnte, welches Potenzial ich besonders entfalten konnte. Auf der Schule hatte ich damals auf jeden Fall keine Lust mehr und war ganz froh, als mein Vater mich da rausnahm.

Alice: *Potenziale entfalten ist ja nicht nur auf die Schule bezogen. Ich meinte vor allem später in deinem Beruf als Vorstandsvorsitzender.*

Christian: Na, wie gesagt, mir hat der Beruf gefallen.

Alice: *Ich habe das Gefühl, dass ich durch einen bewussten Umgang mit meinem Anderssein meine Potenziale besser ausleben kann. Ich habe keine Angst mehr, anzuecken. Das akzeptiere ich einfach! Ich weiß, dass ich nicht falsch bin, sondern einfach nur anders. Und seitdem ich selbständig bin, habe ich auch das Gefühl, meine Kreativität besser ausleben zu können. Jetzt muss ich mich nicht mehr nur auf ein Potenzial fixieren. Aber sag mal, wie gehst du eigentlich mit dem Altern um? Ich vergesse ja auch schon häufiger etwas, obwohl ich noch einige Jahre jünger bin als du. Aber zum Altern gehört ja noch wesentlich mehr, als nur das „sich Dinge nicht mehr merken können".*

Christian: Am besten kann ich das ausdrücken, wenn ich sage: Ich dachte immer, ich habe alle Erfahrungen schon gemacht. Gott aber hat mir gezeigt, dass mir eine Erfahrung noch gefehlt hat. Ein großer Unterschied besteht zwischen dem Leben zwischen 18 und 19 Jahren, an das habe ich eine große Erinnerung, und dem Leben zwischen 80 und 90 Jahren, das was ich gerade führe.

Alice: *Wo ist der Unterschied?*

Christian: Das ist ein eigener Vortrag, den halte ich aber nicht mehr. Aber kurz gesagt: Alles hat seine Zeit! Das ist der wesentliche Unterschied! Nach Überschreiten der 80 habe ich gelernt: Es gibt einen Unterschied zwischen tolerieren und akzeptieren! Mittlerweile merke ich, alles wird weniger. Zwar wird die Erfahrung mehr, aber die Augen sind nicht mehr das, was sie mal waren; die Ohren auch nicht. Ohne Stock kann ich nicht mehr gehen. Autofahren funktioniert nicht mehr und wenn ich ohne Zettel zum Einkaufen gehe, dann stelle ich später zu Hause fest, dass die Hälfte fehlt. Mit anderen Worten: das Gedächtnis ist sehr unzuverlässig. Ich habe da einen Spruch gefunden: ‚Ich bin von bewährter Unzuverlässigkeit!' Trotz dieser Beeinträchtigungen, die ein solches Alter vorgesehen hat, ist es eine Gnade über 80 zu werden. Es genügt nicht, das nur zu tolerieren, zu ertragen oder zu erdulden. Das muss man akzeptieren, also annehmen und sich sagen: Das ist so vorgesehen von der Schöpfung. Wenn man schon die Gnade hat, so alt zu werden, dann muss man das mit Tributen bezahlen. Und wer diese Tribute gerne zahlt, der hat ein gutes Leben.

Alice: *Ja, nicht nur beim Älter werden. Auch unser Aussehen, unser Leben… wir müssen akzeptieren, dass wir der Mensch sind, der wir sind, dass jeder Mensch anders ist, aber auf seine Art und Weise gut. Wenn ich ständig nur Fehler an mir selbst sehe oder an Anderen, werde ich niemals glücklich sein können: Deshalb ist die Akzeptanz eines der wichtigsten Dinge im Leben. Wie ist es für dich jetzt durch das Drägerwerk zu gehen, wo dich kaum einer mehr grüßt, weil sie dich nicht mehr kennen?*

Christian: Praktisch, ich brauch nicht mehr jeden zurückgrüßen.

Alice: *Du hast mir als Gründerin, und bestimmt auch anderen Gründerinnen und Gründern, jetzt schon so viele weise Worte mit auf den Weg gegeben und so viel Mut gemacht. Ich danke dir sehr für deine Geschichten, für deine mentale Unterstützung. Ich kann nur sagen: You are my Draegerman! Du bist mein Pulmotor, du gibst mir neue Luft bzw. Lust zum Atmen. (Lacht)*

Christian: Danke Alice, das hast du schön gesagt. Auch mir hat es sehr viel Spaß bereitet und ich hoffe, du kannst bald deine Ziele und Träume so umsetzten, dass du glücklich und erfolgreich damit bist.

Hast du ein erfolgreiches Unternehmen geführt und möchtest diese Erfahrungen an die nächste Generation in Form eines Buches oder eines Podcasts weitergeben? Dann kontaktiere uns unter:
www.alice-moustier.com/free-call

Zur Unterstützung haben wir dir alle Erkenntnisse aus diesem Buch in einer Liste festgehalten. Die 10 wichtigsten Erkenntnisse, die ich oder auch Johann Heinrich Dräger damals aus unseren Scheiter-Erfahrungen gelernt haben, kannst du dir jetzt hier herunterladen:
www.alice-moustier.com/newsletter

Stammbaum Dräger, Moustier:
www.alice-moustier.com/stammbaum

www.alice-moustier.com

Danksagung

Ich danke Dr. Michael Kamp und meiner Lektorin Frau Miriam Pullnig (Neumann & Kamp Historische Projekte) für die gute Zusammenarbeit, sowie dem August Dreesbach Verlag, insbesondere für die gute Zusammenarbeit mit der Projektleiterin Sofija Krstic.

Ebenfalls danke ich Welf Böttcher (1943-2021) für die Zusammenstellung der Vorträge in Dr. Christian Drägers Buch „Gedanken zur unternehmerischen Verantwortung", 2002 im Christian-Verlag erschienen. Einige der sehr interessanten Gedankengänge daraus konnte ich in dieses Buch mit einflechten.

Danke an Danijel Ilisin für die Titel-Idee!

Ganz besonderer Dank gilt auch meiner Lektorin Katrin Opatz, die mir half mein Manuskript neu zu strukturieren.

Ich danke den Drägerwerk-Mitarbeitern für ihre Ehrlichkeit und das Vertrauen mir gegenüber über ihre Erfahrungen offen zu reden.

Besonderer Dank gilt an dieser Stelle auch Dr. Anja Peters, die Ihre Dissertation über Dr. Christian Drägers Großvater Dr. Bernhard Dräger schrieb. Dank ihr konnte ich viele Informationen aus dem Dräger-Archiv für meine Arbeit nutzen, ohne selbst darin zu recherchieren. Wichtig auch für meine Arbeit ist dieses Zitat von ihr: „Überdies ist es durchaus möglich, dass eventuell missgünstige Quellen aus der damaligen Zeit nicht im Dräger-Archiv aufbewahrt wurden. Da der Großteil, der für diese Dissertation verwendeten Quellen aus dem Dräger-Archiv stammt, ist eine unbewusste Begünstigung in der anästhesie-historischen Neubewertung zur Bedeutung von Dräger tatsächlich denkbar.

Sie schreibt weiter, dass die Ergebnisse ihrer Dissertation größtenteils auf der Auswertung der privaten Schrift- und Bilddokumente der Familie Dräger basieren, die in den Archiven des Drägerwerks in Lübeck gesammelt wurden und die bis jetzt noch nie systematisch ausgewertet oder veröffentlicht worden sind. Somit gilt auch ein großer Dank an Uwe Lorenzen (*1928) und Ingo Welling (*1934), die seit Anfang der 90er-Jahre beauftragt waren, Schriftgut und Dokumente zu ordnen und Fragen zur Unternehmensgeschichte soweit wie möglich zu beantworten. Sie begannen somit das Dräger-Archiv aufzubauen. Uwe Lorenzen arbeitete vom 06.07.1951 bis 30.06.1990 im Drägerwerk. Von 1990 an bis zum 30.06.2000 führte er das Dräger-Archiv. Ingo Welling arbeitete ab Oktober 1964 bis zu seiner Pensionierung im Februar 1999 im Drägerwerk und begann seine Arbeit im Dräger-

Archiv am 01.04.1999.

Ich danke meinen Kolleginnen Eva Kippenberg, Hedwig Vielreicher, Sherin Rashwan und Dr. Marianna Rusche für die vielen Ideen im gemeinsamen Austausch und den Mut, meine Vision nicht aufzugeben.

Ich hoffe mit diesem Buch den Schatz der Lübecker Unternehmergeschichte auch einem breiteren Publikum zugänglich machen zu können.